冶金职业技能培训丛书

重冶备料与收尘工

程永红　等编著

北　京
冶金工业出版社
2015

内 容 提 要

　　本书分为上、下两篇。上篇为备料岗位工，主要介绍了精矿干燥、熔剂制备、粉煤制备、返料破碎、精矿制粒等内容。下篇为收尘岗位工，主要介绍了粉尘治理、风机、烟尘输送等内容。篇后都有复习题及其参考答案，可供读者选用。

　　本书可作为冶金工矿企业相关岗位的培训教材，也可供相关专业工程技术人员及设计人员使用与参考。

图书在版编目(CIP)数据

　　重冶备料与收尘工/程永红等编著 . —北京：冶金工业
出版社，2015.8
　　(冶金职业技能培训丛书)
　　ISBN 978-7-5024-6944-3

　　Ⅰ.①重… Ⅱ.①程… Ⅲ.①重有色金属—有色金属
冶金—技术培训—教材 ②有色金属冶金—收尘—技术
培训—教材 Ⅳ.①TF81 ②TF805.3

　　中国版本图书馆 CIP 数据核字(2015)第 159279 号

出 版 人　谭学余
地　　址　北京市东城区嵩祝院北巷 39 号　邮编　100009　电话　(010)64027926
网　　址　www.cnmip.com.cn　电子信箱　yjcbs@cnmip.com.cn
责任编辑　杨盈园　陈慰萍　美术编辑　杨　帆　版式设计　孙跃红
责任校对　郑　娟　责任印制　李玉山
ISBN 978-7-5024-6944-3
冶金工业出版社出版发行；各地新华书店经销；三河市双峰印刷装订有限公司印刷
2015 年 8 月第 1 版，2015 年 8 月第 1 次印刷
787mm×1092mm　1/16；11.25 印张；266 千字；167 页
45.00 元

冶金工业出版社　投稿电话　(010)64027932　投稿信箱　tougao@cnmip.com.cn
冶金工业出版社营销中心　电话　(010)64044283　传真　(010)64027893
冶金书店　地址　北京市东四西大街 46 号(100010)　电话　(010)65289081(兼传真)
冶金工业出版社天猫旗舰店　yjgycbs.tmall.com
　　　　　　　　(本书如有印装质量问题，本社营销中心负责退换)

前　言

　　重冶备料工序是重冶炉窑物料制备的首道工序，涉及备料熔剂岗位、焙烧熔剂岗位、吹灰岗位、返料岗位、干燥窑粉剂岗位、干燥窑岗位、干燥窑圆盘岗位、上料岗位、收尘岗位、物料岗位等多道工序，编写一套涵盖各个工序的教材是一件十分困难的事情。因此，我们根据金川公司生产实际，分上、下两篇进行简单的工艺介绍。上篇主要内容是物料制备中的精矿干燥、熔剂制备、粉煤制备、返料破碎和精矿制粒五方面内容；下篇主要包含收尘过程中的粉尘治理、风机、烟尘输送三方面内容。书中尽量用浅显的原理和通俗的语言，使相关岗位工人能够看懂，以期达到巩固和充实岗位工人基础理论知识，突出实践性和服务生产的目的。

　　本书上篇由方青天组织编写，下篇由秦海燕组织编写，全书由李育平、董陇陇统稿。本书编委会人员收集、整理和提供了大量的资料，为本书的编写付出了辛勤劳动。此外，张丰云、黄国强、丁小峰、窦宝山、丁天生、杨林忠、李春梅、赵家金、李海荣、杨莉、陆浩宇、王发等人也参加了编写工作。

　　由于编者水平有限，书中不妥之处，诚望广大读者及专家不吝赐教。

　　本书编写过程中，承蒙各级领导和各位工程技术人员的大力支持，在此一并致谢。

编　者

2015 年 3 月

目　录

上篇　重冶备料工

下篇　重冶收尘工

重冶备料工

1

精 矿 干 燥

1.1 精矿干燥原理及目的

1.1.1 精矿性质

精矿是矿石经过选矿工艺过程产出的富集有价金属的物料，它具有以下 4 个物理性质：

(1) 水分。精矿水分是衡量精矿质量的标准之一，一般在 10%~25%。根据水分和物料的结合形式，水分又可以分为化学结合水分、物理-化学结合水分、物理-机械结合水分和可用机械方法除去水分 4 类。

1）化学结合水分。这种水分与物料的结合有准确的水量关系，结合得非常牢固，只有在化学作用或非常强烈的热处理（如煅烧）条件下才能将其除去。通常干燥时不能排出化学水分。例如，$CuSO_4 \cdot H_2O$ 在 25℃时，空气中水蒸气压 $p = 0.11kPa$，表面蒸汽压 $p_s = 3.2kPa$，则水的化学结合能 $L = 8.4×10^3 J/mol$，即化学结合能大于 5000J/mol。

2）物理-化学结合水分。这种水分与物料的结合无严密的水量关系，又称吸附结合水。这种水分只有变成蒸汽后，才能从物料中排除。其蒸汽压可根据物料湿含量在吸附等温线上查取。这种水分的结合能大约为 3000J/mol。

3）物理-机械结合水分。毛细管中的水分属于此类。半径为 r 的毛细管，其弯月面上方的蒸汽压 p_r 可用下式计算。

$$p_r = p_s \exp\left(-\frac{2\sigma}{r} \times \frac{V_1}{RT}\right)$$

式中 σ ——液体的表面张力；

    r ——毛细管的半径；

    R ——气体常数；

    T ——液体温度；

    V_1 ——液体比体积。

排除毛细管水分所需要的能量为：

$$L = \frac{2\sigma}{r} V_1$$

当 $2r = 10^{-10}$ m 时，$L = 5.3×10^2 J/mol$，即排除这类水分的能量级为 100J/mol。

对于大毛细管（$r>10^{-7}$m），p_r 与 p_s 几乎相等（只差1%）。这种毛细管只有直接与水接触才能充满。

对于微毛细管（$r<10^{-7}$m），可通过吸附湿空气中水蒸气使微毛细管充满液体，但这种水分仍属游离水。水在毛细管中既可以液体形式移动，也可以蒸汽形式移动。

4）可用机械方法（如过滤）除去水分。留在物料细小容积骨架中的水分是生产过程中保留下来的。脱除这种水分只需克服液体流经物料骨架的流体阻力即可。

物理-化学结合水分和物理-机械结合水分中有一部分难以脱除的属于结合水分。可用机械方法脱除的水分和存在于物料表面的大量水分属于自由水分。

物料和水分的结合形式不同，其排除水分耗费的能量也不同。这种分类方法并未指明水分从物料中排除的机理。

（2）粒度。粒度是表示精矿颗粒大小的物理量，单位一般为 μm 或 mm。目前有的工程上还沿用"目"来表示粒度。目是指每英寸（相当于 25.4mm）长度内所具有的孔数目。筛上物为"+"，筛下物为"−"。例如：−200目（−0.074mm）>80%即表示筛网每英寸长度内有200个孔，筛孔尺寸为 0.074mm，有80%可通过此筛网。筛孔大小与筛孔实际尺寸见表1-1。

表 1-1　筛孔大小与实际尺寸关系

筛孔大小/目	筛孔实际尺寸/mm	筛孔大小/目	筛孔实际尺寸/mm
3	6.680	35	0.417
4	4.699	48	0.295
6	3.327	65	0.208
8	2.362	100	0.147
10	1.651	150	0.104
14	1.168	200	0.074
20	0.833	270	0.053
28	0.589	400	0.037

（3）堆密度。单位体积的物料在自然堆积条件下所具有的质量，称为堆密度。干精矿（含水小于0.3%，粒度−200目（−0.074mm）大于80%）的堆密度通常为 $1.6\sim1.8$t/m³。不同的水分和粒度，对物料的堆密度值有直接影响。

（4）安息角。物料漏出时得到的圆锥状堆积底角，称为安息角。湿精矿的安息角为45°，干精矿为30°。

1.1.2　精矿干燥原理

干燥就是利用介质热能使固体物料中的水分汽化，随之水汽脱离物料被气流带走的过程。热烟气被称为干燥介质。干燥过程可以分为外部条件的干燥过程和内部条件控制的干燥过程。

（1）外部条件控制的干燥过程。在干燥过程中基本的外部变量为温度、湿度、空气的流速和方向、物料的物理形态、搅动状况以及在干燥操作时干燥器的持料方法。外部干燥条件在干燥的初始阶段，即在排除非结合表面湿分时特别重要，因为物料表面的水分以蒸汽形式通过物料表面的气膜向周围扩散，这种传质过程伴随传热进行，故强化传热便可加速干燥。但在某些情况下，应对干燥速率加以控制。例如瓷器和原木类物料在湿分排除后，从内部到表面产生很大的湿度梯度，过快的表面蒸发将导致显著收缩，即出现了过度干燥和过度收缩。这会在物料内部造成很高的应力，致使物料弯曲。在这种情况下，应采用相对湿度较高的空气，这样既能保持较高的干燥速率又能防止出现质量缺陷。

（2）内部条件控制的干燥过程。在物料表面没有充足的自由水分时，热量传至湿物料后，物料就开始升温并在其内部形成温度梯度，使热量从外部传入内部，而湿分从物料内部向表面迁移。这种过程的机理因物料结构特征而异，主要为扩散、毛细管流和由于干燥过程的收缩而产生的内部压力。在临界湿含量出现至物料干燥到很低的最终湿含量时，如增加空气用量，通常会提高表面蒸发速率，此时则降低了温度的重要性。如果物料允许在较高的温度下停留较长时间，则有利于此过程的进行。这可使物料内部温度较高，从而造成蒸汽压梯度，进而使湿分扩散到表面，并同时使液体湿分迁移。对内部条件控制的干燥过程，其过程的强化手段有限的，在允许的情况下，减小物料的尺寸以降低湿分（或气体）的扩散阻力是很有效的。施加振动、脉冲、超声波有利于内部水分的扩散。由微波提供的能量可有效地使内部水分汽化，此时如辅以对流或抽真空则有利于水蒸气的排除。

1.1.3　精矿干燥目的

精矿干燥的目的是对选矿产出的湿精矿（含水量一般在8%~18%之间）进行干燥脱水处理。根据冶炼工艺对精矿水分的不同要求，精矿需进行一段或三段干燥处理。例如：闪速炉熔炼工艺要求干燥后的精矿含水分小于0.3%，粒度要求-200目（-0.074mm）大于80%，此时采用三段干燥；而沸腾炉焙烧工艺则要求干燥后的精矿水分为5%~7%，粒度为3~7mm，此时采用一段干燥。目前，金川公司焙烧车间产出的焙砂主要送往电炉熔炼。

1.1.4　影响精矿干燥主要因素

影响干燥的主要因素有：
（1）湿物料的物理及化学特性。
（2）湿物料的水分及温度。物料的水分越高，干燥能力越低；物料的温度越低，干燥能力也越低。
（3）干燥介质的温度。干燥介质温度越高，干燥能力越大。但是要注意干燥介质的温度不能任意提高，一般应低于物料的变质温度。
（4）干燥介质的气流速度。
（5）湿物料与干燥介质的接触情况。
（6）干燥设备的结构。

1.1.5　精矿干燥主要燃料

冶金炉窑热能的来源，目前主要依赖于燃料的燃烧。凡是在燃烧时（剧烈地氧化）能够放出大量的热，并且此热量能有效地被利用在工业或其他方面的物质统称为燃料。燃料可分为固体燃料、液体燃料和气体燃料。有色冶炼行业精矿干燥主要以粉煤为燃料,在此对其做主要介绍。

1.1.5.1　燃料通性

固（液）体燃料的组成元素有碳、氢、氧、氮及一部分硫,此外还含有一些由 SiO_2、Al_2O_3、Fe_2O_3、CaO、MgO、Na_2O 等矿物杂质构成的灰分（以符号 A 表示）以及一部分水分（以符号 W 表示）。综合而言,任何一种固（液）体燃料均由 C、H、O、N、S、A、W 七种基本组分组成。其中碳、氢和有机硫（硫的一种形态）能燃烧放热,构成可燃成分,其他则属不可燃成分。

碳燃烧时能放出大量的热,约 33915kJ/kg,是固（液）体燃料中的主要发热物质。氢燃烧时放出的热量约为 143195kJ/kg,也是主要发热元素之一,但是在固体燃料中氢含量一般在 6% 以下,所以氢对燃料的发热量影响相对于碳而言要小。硫虽然能燃烧放热,但发热量较低,为 9211~10886kJ/kg,而且燃烧后生成的二氧化硫为有害气体,会腐蚀金属设备、污染环境,故硫被视为有害成分。氧和氮的存在,相对降低了可燃成分的含量,故属于有害成分。其中氮是惰性气体物质,燃烧时一般不参加反应而进入废气中。水分是燃料中的有害成分,它的存在不仅相对降低了可燃成分含量,而且水分在蒸发时要吸收大量的热。灰分的存在不仅降低了可燃成分的含量,而且影响燃烧过程的进行,尤其是固体燃料中低熔点灰分的影响更大。灰分熔点低,在燃烧过程中易熔结成块,阻碍通风,增加除灰操作的难度。一般要求灰分熔点大于 1200℃。

综上所述,碳和氢是固（液）体燃料中的有益成分,氧、氮、硫、灰分和水分是有害成分。有益成分越高,有害成分越少,则燃料的质量越好。在相同含量时,燃料中灰分的熔点愈高,则该燃料的质量愈好。

1.1.5.2　燃料成分分析

燃料的组成可用工业分析和元素分析两种方法确定。工业分析比较简单,各生产单位皆可进行,而元素分析通常只由燃料部门进行。

工业分析可测定固（液）体燃料中的水分、灰分、挥发分产率和固定碳的含量及性质,以作为评价燃料的指标。分析的结果表示成这些成分在燃料中所占的质量分数。根据国家规定,煤的工业分析是将一定质量的煤加热至 110℃ 使其水分蒸发以测得水分的含量,再在隔绝空气的情况下加热至 850℃,使其挥发性的物质全部逸出并测出挥发分产率的含量,然后通以空气使固定碳全部燃烧以测出灰分和固定碳的含量。

煤的工业分析可以说明有关煤的很多重要特性。含挥发分高的煤容易着火,燃烧速度快,实际燃烧温度高,因而挥发分的高低是衡量煤质好坏的重要指标。煤分解挥发分以后,残留下来的固体可燃物质为固定碳,其中主要成分是碳,还有少量的氢、氧、氮等。固定碳是煤中重要的发热组分,也是衡量煤使用特性的指标之一。固定碳含量越高,则煤的发热量越大。煤中不能燃烧的矿物质为灰分,粉煤的着火温度随其灰分的增高而增高,而燃烧速度和发热能力则随之降低。煤中水分含量高不仅输送困难、下煤不畅,而且不利于粉煤的燃烧。为此,金川精矿干燥对煤质有下列要求:

（1）粒度-200目（-0.074mm）大于85%，水分小于1%。

（2）挥发分含量25%~30%，固定碳含量55%~60%。

（3）灰分含量小于15%，灰分熔点高于1200℃。

（4）发热量大于25000kJ/kg。

1.1.5.3 燃料发热量

燃料的发热量又称发热值，它是评价燃料好坏的重要指标，也是燃烧计算的重要数据之一。燃料的发热量是指单位质量或单位体积的燃料在完全燃烧时所放出的热量，通常用符号"Q"表示。燃料的发热量与燃烧产物的状态有关，故有高发热值和低发热值之分。

煤的发热量与各种煤质指标的关系为：

（1）煤的挥发分越高，其发热量就越低，当煤的挥发分含量达到28%左右时，其发热量达到最高值为36~37kJ/g之间，当挥发分降至28%以后，其发热量即随挥发分的降低而降低。

（2）煤的发热量随着固定碳含量的增高而增高，到固定碳含量在70%~82%时，其发热量达到最高值，当固定碳含量大于82%时，发热量则随着固定碳的增高而降低。

（3）煤的发热量往往随着灰分含量的增高而降低，并且灰分越高，发热量越低。

（4）煤的发热量与其水分之间虽然无十分规律的反变关系，但总体来看，煤的发热量越高，其水分就越低。

1.1.5.4 粉煤燃烧

燃料燃烧需具备3个基本条件，即可燃物、着火热源和助燃剂。而粉煤的火炬式燃烧是将煤磨成一定细度的粉煤（一般为0.05~0.07mm），然后用空气输送管道通过燃烧器喷入炉内使煤粉呈悬浮状态进行火炬式燃烧。用来输送粉煤的空气，称为一次空气，占燃烧所需空气量的15%~50%。其余助燃的空气直接通入炉内，称为二次空气。

A 粉煤燃烧空气消耗系数

粉煤燃烧时，实际空气需要量与理论空气需要的比值称为空气消耗系数（即 n 值）。当空气消耗系数过小时会形成不完全燃烧，而空气消耗系数过大对燃烧也有不利影响。因此，空气消耗系数对粉煤燃烧过程的影响很大，是控制燃烧过程的一个重要参数。为使粉煤能够完全燃烧，空气消耗系数通常取1.2~1.3。

B 粉煤燃烧过程

当粉煤与空气的混合物喷入高温燃烧室后，粉煤中所含的少量水分受热首先蒸发，随后，粉煤中的化合物开始分解放出挥发分。挥发分与空气混合容易着火，故首先在粉煤颗粒表面燃烧，所以挥发分含量多的粉煤比较容易点火。挥发分燃烧产生的热又提高了粉煤周围的温度，加速了碳的燃烧。最后剩下灰分，一部分沉落在燃烧室内，另一部分被气流带进收尘系统。因此，可以认为，粉煤的燃烧过程主要由粉煤与空气的混合、受热分解、着火燃烧这几个阶段组成。燃烧反应在本质是气相（挥发分）以及固相（固定碳）的燃烧，而挥发分愈高、灰分愈低时，整个过程则进行得愈快。粉煤的着火温度是指粉煤在一定温度下，即使不接触火种也会发生自燃。

粉煤的完全燃烧是指燃料中的可燃物质和氧进行充分的燃烧反应，所生成的燃烧产物中不存在可燃物质。粉煤的不完全燃烧包括机械不完全燃烧和化学不完全燃烧。机械不完全燃烧是指燃料中的部分可燃物质没有参加或进行燃烧反应就损失了的燃烧过程。化学不完全燃烧是指燃料中的可燃成分由于空气不足或与空气混合不好，没有得到充分反应的燃烧过程。

C　粉煤燃烧特点

粉煤燃烧具有以下优点：

（1）由于粉煤颗粒细，与空气接触面大，故燃烧速度快，在较小的空气消耗系数（$n = 1.2 \sim 1.25$）下即可完全燃烧，因而能保证获得较高的燃烧温度。

（2）其燃烧过程易于控制，并可实现炉温自动控制，而且开炉敏捷。

（3）粉煤火焰具有较高的辐射能力。

（4）可以利用劣质煤和碎煤。

（5）二次空气预热的温度不受限制。

粉煤燃烧的主要缺点是：

（1）粉煤燃烧后的灰分大部分落在炉膛中，对金属加热和熔炼质量均有影响，而且在高温下灰分易熔结成焦，对耐火材料有侵蚀，并且不易清理。

（2）在粉煤制备上存在有设备和操作方面的一些问题，从而影响生产。

（3）当有高温热源存在时，粉煤易发生爆炸，因此采用粉煤燃烧时应注意安全。

（4）粉煤在长期储存时易发生自燃而引起爆炸。

D　粉煤燃烧条件

粉煤燃烧实际上是粉煤中的可燃成分即碳高温下在空气中燃烧的氧化反应。粉煤的完全燃烧，关键在于鼓进的空气要与粉煤充分混合，才能使空气中的氧与粉煤颗粒充分接触。实践证明，对于成分和粒度一定的粉煤，当其与空气混合良好时，燃烧速度快，且燃烧充分，放出的热量集中，实际燃烧温度也随之提高。

为使粉煤燃烧完全，粉煤本身应具有一定的粒度。粉煤的粒度越细，与空气的接触面积越大，越有利于混合和燃烧。另外，粉煤与空气的混合物应具有一定的喷出速度（15 ~ 25m/s），且这一喷出速度应大于火焰的传播速度，以避免燃烧器回火，同时气体内部要有较强的搅动程度。

1.1.6　干燥设备分类与选择

干燥设备有两种分类方法。第一种分类方法以传热方法为基础，分为传导加热、对流加热、辐射加热和微波和介电加热。冷冻干燥可认为是传导加热的一种特殊情况。第二种分类方法根据干燥容器的类型进行分类，如托盘、鼓盘、流化床、气流或喷雾，也可按原料的物理形状来分类。

表 1-2 给出了有关干燥设备的类型和相适应的原料类型。原料有糊状物、膏体、滤饼、粉末、颗粒、结晶、片状物、纤维或成型物料，根据原料形态选择干燥设备。

表 1-2 干燥设备类型及相适应原料类型

| 原料类型 | | 液态 | | 滤饼 | | | 可自由流动的物料 | | | | | 成型物料 |
		溶液	糊状物	膏状物	离心分离滤饼	过滤滤饼	粉	颗粒	易碎结晶	片料	纤维	
对流干燥器	带式干燥器							√	√	√	√	√
	闪急干燥器				√	√	√	√				
	流化床干燥器	√	√		√	√	√	√		√		
	转筒干燥器				√			√				
	喷雾干燥器	√	√	√								
	托盘干燥器（间歇）				√	√	√	√	√	√	√	√
	托盘干燥器（连续）				√	√	√	√	√	√	√	
传导干燥器	转鼓干燥器	√	√	√								
	蒸汽夹套转鼓干燥器				√				√	√	√	
	蒸汽套管转鼓干燥器				√				√	√	√	
	托盘干燥器（间歇）				√	√	√	√	√	√	√	
	托盘干燥器（连续）				√	√	√	√	√	√	√	

1.2 常用精矿干燥方式

有色冶炼常用的干燥方式有气流干燥和回转窑干燥（又称转筒干燥）两种。近几年随着干燥技术的不断发展，个别有色冶炼厂也采用了蒸汽干燥、闪蒸干燥或喷雾干燥。

1.2.1 气流干燥

1.2.1.1 气流干燥工作原理与特点

气流干燥也称瞬间干燥，是指将湿物料送入热气流（空气、惰性气体、燃气或其他热气体）中，与之并流接触，从而获得分散成粉粒状的干燥产品。日本全部采用气流干燥，我国的贵溪和金川采用的都是集干燥和打散于一体的三段式气流干燥工艺。

精矿气流干燥分为短窑干燥、鼠笼打散机干燥和气流干燥管干燥三个过程，是一种低温、大风的干燥工艺（即干燥过程风矿比为 $1200 \text{m}^3/\text{t}$）。粉煤燃烧室产生的 $800 \sim 1000 ℃$ 的烟气经混风室内配入冷空气调控至 $400 \sim 800 ℃$ 后进入干燥窑。湿精矿经窑头摇摆机加入干燥窑内，由干燥窑扬料板将物料扬起与热烟气进行定向顺流接触，热烟气将热量以对流方式传给湿精矿，同时精矿中的水分被汽化后随烟气带走。在鼠笼内，鼠笼转子将湿精矿打散呈悬浮状态，使其与热烟气充分接触，湿精矿中的水分进一步汽化脱离。当气流管内的气流速度大于精矿的下落速度时，精矿随气流上升，均匀分布于气流管中与热烟气直接接触，精矿水分进一步汽化，从而实现镍精矿的深度干燥。

金川公司气流干燥前精矿含水分约 10%，当精矿依次通过短窑干燥、鼠笼打散机干燥和气流干燥管后，含水分依次变为约 7%、3% 和 0.3%。

气流干燥的优点为：

（1）气固两相之间传热传质的表面积大。固体颗粒在气流中呈高度分散悬浮状态，这样气固两相之间的传热传质表面积大大增加。由于采用较高气速（20~40m/s），因此气固两相之间的相对速度也较高，不仅使气固两相具有较大的传热面积，而且体积传热系数 h_s 也相当高。普通直管气流干燥的 h_s 为 2300~7000W/（m³·K），为一般回转干燥的 20~30 倍。由于固体颗粒在气流中高度分散，因此物料的临界湿含量大大下降。

（2）热效率高、干燥时间短、处理量大。气流干燥采用气固两相并流操作，这样可以使用高温的热介质进行干燥，且物料的湿含量愈大，干燥介质的温度可以愈高。例如，干燥某些滤饼时，入口气温可达 700℃；干燥煤时，入口温度为 650℃；干燥氧化硅胶体粉末时，入口气温 384℃；干燥黏土时，入口温度为 75℃；干燥含水石膏时，入口气温可达 400℃，而相应的气体出口温度则较低。从上述情况可以看出，干燥气体进出口温差有时很大。干物料的出口温度比干燥气体出口温度低 20~30℃。高温干燥介质的应用可以提高气固两相之间的传热传质速率，提高干燥器的热效率。例如，干燥介质温度在 400℃ 以上时，其干燥效率为 60%~75%。但也有的受物料热敏性的限制，热效率仅为 30% 左右。

气流干燥的管长一般为 10~20m，管内气速为 20~40m/s，因此湿物料的干燥时间仅 0.5~2.0s，所以物料的干燥时间很短。

（3）结构简单、紧凑、体积小、生产能力大。

气流干燥的缺点为：

（1）气流干燥系统的流动阻力降较大，一般为 3000~4000Pa，必须选用高压或中压通风机，动力消耗较大。

（2）气流干燥所使用的气速高、流量大，需要选用尺寸较大的旋风分离器和布袋除尘器。

（3）气流干燥对于干燥载荷很敏感，固体物料输送量过大时，气流输送就不能正常操作。

1.2.1.2　气流干燥工艺流程

金川闪速炉系统精矿干燥采用气流干燥工艺，该工艺主要由干燥窑、鼠笼打散机和气流干燥管等设备组成。干燥的介质为粉煤燃烧室产出的热烟气，热烟气可用三次风稀释降温，将干燥窑入口烟气温度控制在 400~800℃，使含水为 8%~11.5% 的铜镍混合湿精矿经干燥窑干燥，含水降至 5%~7% 后进入鼠笼打散机。在鼠笼内精矿被高速旋转的鼠笼转子打散呈悬浮状态，干燥效果十分显著。然后后部的排烟机将精矿与热烟气吸入气流干燥管中，精矿与烟气以 18~20m/s 的速度流动，精矿脱水干燥至含水 0.3% 以下。此时精矿再经两段旋涡收尘器捕集后由旋涡灰斗底部溢流螺旋、刚性给料器及料管运进干精矿仓存放，干燥后的烟气则经过干燥电收尘捕集后排空，干燥烟灰由仓式泵送往闪速炉烟灰仓存放。具体工艺流程如图 1-1 所示。

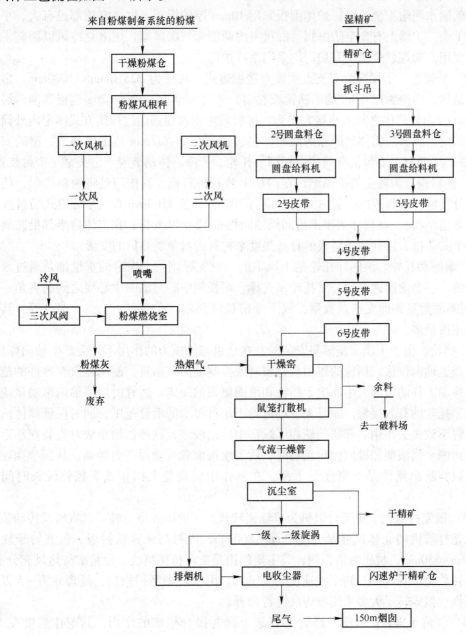

图 1-1 金川公司气流干燥工艺流程

1.2.1.3 气流干燥系统主要设备构成

金川公司气流干燥系统主要设备有粉煤燃烧室、干燥窑、鼠笼打散机和气流干燥管、沉尘室和两级旋涡收尘器。

（1）粉煤燃烧室。气流干燥粉煤燃烧室有效容积为 172m³，容积热强度为 55×10³kcal/(m³·h)，分为燃烧室和混风室两个部分。炉墙为黏土质耐火砖，厚度为 546mm；

炉顶采用拱顶形式（拱顶厚度 300mm），拱顶处自东向西分布有 5 根水冷梁，耐火材料为高铝质低温水泥耐火浇注料；炉体围板采用 10mm 厚的钢板。燃烧室顶部设有大、小粉煤喷嘴各 1 个，炉墙上有 2 个防爆阀。混风室内两侧为三次风阀，用来兑冷风以调整干燥窑入口温度用。粉煤燃烧室所有炉门均采用水冷炉门。

（2）干燥窑。干燥窑为双支点顺流直接加热式，规格为 $\phi2516mm\times11000mm$。窑体采用双层结构，内筒为厚 6mm 的不锈钢板卷制，外筒为厚 16~30mm 20g 钢板卷制，层间留空隙 6mm。内外筒体之间的连接方式为：进料段采用加强筋通过焊接方式固定内外筒，出料端不固定，以解决筒体热膨胀的问题。窑转速可在 2~6r/min 范围内调节，窑的安装坡度为 6%。干燥窑主要包括有筒体、托圈、托轮、齿圈、传动装置、窑头窑尾密封装置。

1）扬料板。为防止精矿黏结，在内层上装有扬料板，其作用是将物料扬起，使其与热风充分接触。扬料板的配置方式为：设高 200mm、长 1100mm 直线型分段式扬料板（为分段加立筋结构），在窑体前半部沿圆周轴向均布 12 个共 6 排；在窑体后半部沿圆周轴向均布 6 个共 2 排，以利用扬料板的自身强度来控制内衬筒受热后的变形。

2）滚圈和托轮。滚圈和托轮是干燥窑的一对支撑副。干燥窑的重量都是通过滚圈传给托轮的。一个滚圈通常由一对托轮来支撑，两托轮中心与滚圈中心线之间的夹角一般为 60°。滚圈的数量亦即支撑点数量，视干燥窑长度而定，有两点、三点、四点等，其中两点支撑用得最多。

3）挡轮。由于干燥窑是倾斜安装的，在自重与摩擦力的作用下，会产生轴向作用力，使筒体产生轴向位移。挡轮的作用就是限制或控制轴向窜动量，使筒体仅在容许的范围内做轴向移动。移动量的大小取决于挡轮和滚圈侧面的距离。适宜的筒体轴向窜动量应能保证滚圈和托轮的有效接触，而且大、小齿轮不超过要求的啮合范围，同时保证筒体两端的密封装置不致失去作用。普通挡轮在干燥窑中使用较多，这种挡轮是成对安装在靠近齿圈的滚圈两侧。当滚圈和锥面挡轮接触时，后者便被前者带动而产生转动，从哪个挡轮发生转动可以判断出筒体是上窜还是下滑。在操作中应避免上挡轮或下挡轮较长时间连续转动。

（3）鼠笼打散机。鼠笼打散机为单轴回转式，主要由壳体、转子、机座及传动装置构成。鼠笼打散机的壳体尺寸是 $\phi2000mm\times800mm$，内衬高铬铸铁衬板。鼠笼转子规格是 $\phi2000mm\times630mm$，材质为铬钼钢，其主要作用是破坏精矿结块，使精矿与热风充分混合。转子回转数是 276r/min，转子线速度为 25m/s。由于转子磨损较快，处理 4 万~5 万吨就需要更换。鼠笼转子大多采用堆焊法进行修补。

（4）气流干燥管。气流干燥管主要起干燥并提升精矿的作用，其工作温度在 100~150℃，考虑密封和筒体膨胀，在与天圆地方变径管的连接部分采用承插式伸缩节，可使管向上膨胀。气流管的规格是 $\phi2146mm\times53560mm$，与水平倾角成 81°，下部的天圆地方变径管和圆管内衬为 $ZGMn_{13}$ 材质，以减少管壁的磨损。气流管上部（标高长度）为单层圆管，厚 12mm，材质均为 Q235。

（5）一级旋涡收尘器。一级旋涡收尘器的筒体部尺寸为 $\phi3550mm\times3000mm$，锥体部为 $\phi3550mm\times7000mm$，筒体部内衬 MT-4。该设备为双管式。

（6）二级旋涡收尘器。二级旋涡收尘器的筒体部尺寸为 $\phi3030mm\times3000mm$，锥体部为 $\phi3030mm\times7100mm$，壳体为 Q235-B，筒体部内衬 MT-4。该设备为四管式。

（7）沉尘室。沉尘室规格为 6.59mm×3.5mm×5mm，内衬材质为 ZGMn$_{13}$。

金川公司气流干燥系统主要设备的性能、规格见表 1-3。

表 1-3 气流干燥系统主要设备的性能、规格

序号	设备名称	规 格 型 号	数量
1	桥式起重机	抓斗容重 3m^3，起重重量 10t	4
2	圆盘给料机	圆盘直径 2000mm； 附：电动机型号 Y200L$_2$-6，功率 22kW； 　　减速机型号 NGW102 型，速比 90	2
3	2 号皮带运输机	皮带宽度 800mm，长度 16.25m； 附：电动机型号 K97DM160M4，功率 11kW	1
4	3 号皮带运输机	皮带宽度 800mm，长度 16.25m； 附：电动机型号 K97DM160M4，功率 11kW	1
5	4 号皮带运输机	皮带宽度 800mm，长度 119.55m； 附：电动机型号 Y225S-4，功率 37kW	1
6	5 号皮带运输机	皮带宽度 800mm，长度 100.7m； 附：电动机型号 Y180L-4，功率 22kW	1
7	6 号皮带运输机	皮带宽度 800mm，长度 16.75m； 附：电动机型号 K97DM160M4，功率 11kW	1
8	干燥窑	直径 2516mm，长度 11000mm； 附：电动机型号 YPT315-6，功率 75kW； 　　减速机型号 YNL545-18-ⅡT，速比 18	1
9	摇摆机	减速机型号 XWD4-8130-11	1
10	鼠笼打散机	直径 2000mm，长度 630mm，容积 1.4m^3； 附：电动机型号 YVP355L-8，功率 200kW	1
11	气流干燥管	直径 1740mm，长度 53560mm	1
12	小喷嘴一次风机	风机型号 9-19-8D，流量 3297m^3/h，全压 3620Pa； 附：电动机型号 Y132S-4，功率 5.5kW	1
13	大喷嘴一次风机	风机型号 9-19-10D，流量 6572m^3/h，全压 4632Pa； 附：电动机型号 Y160L-4，功率 15kW	1
14	二次风机	风机型号 9-19-17.3D，流量 29687m^3/h，全压 6456Pa； 附：电动机型号 YVF2-315M-6，功率 90kW	2
15	脉冲布袋收尘器	设备型号 HQMC64-4，过滤面积 240m^2； 滤袋直径 130mm，长度 2450mm； 处理风量 5000m^3/h，收尘器阻力 1500Pa，收尘器出口含尘浓度小于 50mg/m^3	1
16	两路阀	直径 150mm	1
17	溢流螺旋输送机	直径 300mm； 附：电动机型号 XWD4-6-59，功率 4kW	4
18	刚性叶轮给料机	规格 400mm×400mm； 附：电动机型号 XWD4-6-59，功率 4kW	3

序号	设备名称	规　格　型　号	数量
19	手动闸阀	规格 400mm×400mm	4
20	燃烧室	炉体外部尺寸（长×宽×高）11800mm×7780mm×9805mm，有效容积 172m³	1
21	沉尘室	规格 6590mm×3500mm×5000mm	1
22	一级旋风收尘器	直径 3550mm（两台并联）	2
23	二级旋风收尘器	直径 3030mm（四台并联）	4
24	风根秤	设备规格 FIR-R-GP-LS-K-DD-BYRG-35-Ⅲ； 附：电动机功率　5.73kW； 　　减速机型号 CW-6205DD-273，速比 273	2

1.2.1.4　气流干燥生产控制

在精矿干燥过程中，精矿的成分不发生变化，而精矿的水分、粒度随工艺参数的波动发生变化。生产中直接用仪器、仪表测定水分和粒度是相当困难的。由于精矿的水分和粒度与沉尘室温度和系统二旋出口负压有一定的函数关系，故生产中通常用控制沉尘室温度来控制最终精矿含水，用控制系统二旋出口负压来控制精矿粒度，而在实际操作过程中，则用调整燃烧室粉煤风根秤的给煤量来调节沉尘室温度，用调整干燥排烟机转速来调节系统二旋出口负压。由于生产过程是连续的，温度调整与负压控制相互影响，相互制约。

（1）沉尘室温度的生产控制。在正常生产中，控制沉尘室温度在 100~130℃ 之间。沉尘室若温度低，则干燥后精矿水分达不到不大于 0.3% 的要求；若温度高，则容易造成旋涡灰斗和干精矿仓发生着火现象，致使精矿脱硫。由于闪速炉是利用精矿中硫铁氧化放热进行冶炼的，硫不足将需要从外界补充更多的燃料，而硫进入烟气中，从干燥烟囱排空后将污染环境。故精矿气流干燥过程要求精矿脱硫率在 0.3% 以下。

影响沉尘室温度的主要因素有燃烧室给煤量、精矿处理量、精矿含水和系统散热。

（2）二旋出口负压的生产控制。二旋出口负压是控制干精矿粒度的主要参数，正常控制在 -6500~-5000Pa 之间。若二旋出口负压低，则气流管内气流速度下降，提升的矿量减少，系统的生产能力下降，严重时容易发生鼠笼压死事故。若二旋出口负压增高，则管道风的气流速度增大，精矿对气流管壁和设备的磨损增加，动力消耗增大，且干燥后精矿的粒度变粗，影响干精矿的产品质量。在生产中用设置在鼠笼壳体上的返料管来起微调作用。当调大滑门开口时，漏风量增大，气流管内的空气流速增大，被气流带走的精矿颗粒的粒度也相对增大；当调小滑门开口时，漏料量减小，则气流管内的烟气流速降低，被气流带走的颗粒粒度也相对减小。

影响鼠笼负压的主要因素有干燥排烟机转速、系统漏风量、精矿处理量、精矿水分和精矿粒度。

在湿精矿处理量一定的前提下，应调整燃烧室给煤量和干燥排烟机至合适数值，将二旋出口负压和沉尘室温度控制在正常控制范围之内。生产中可根据湿精矿处理量和沉尘室温度的波动情况，适当调整三次风阀或鼠笼返料口的挡板进行微调，以及适当调整燃烧室给煤量和二次风量。

1.2.2 回转窑干燥

1.2.2.1 回转窑干燥工作原理与特点

回转窑干燥是有色冶炼最常用的物料干燥方法。其主体是略带倾斜并能回转的圆筒体。这种装置的工作原理如图 1-2 所示。湿物料从左端上部加入，经过圆筒内部时，与通过筒内的热风或加热壁面进行有效的接触而被干燥，干燥后的产品从右端下部收集。在干燥过程中，物料借助于圆筒的缓慢转动，在重力的作用下从较高的一端向较低一端移动。筒体内壁上装有顺向抄板（或类似装置），它不断把物料抄起又洒下，使物料的热接触面增大，以提高干燥速率并促进物料向前移动。干燥过程中所用的热载体一般为热空气、烟道气或水蒸气等。如果热载体（如热空气、烟道气）直接与物料接触，则经过干燥器后，通常用旋风除尘器将气体中夹带的细颗粒捕集下来，废空气则经旋风除尘器后放空。

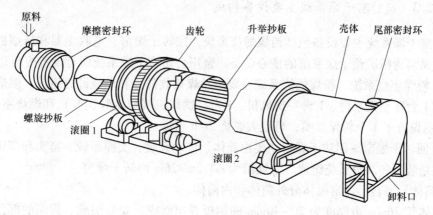

图 1-2　回转窑干燥工作原理

回转干燥窑一般采用热烟气与物料直接热交换的方式，可分为顺流式和逆流式两种。顺流式干燥为烟气和物料流向一致，它适用于物料初始含水较高，且需防止干燥物料因为过热而发生氧化燃烧或热分解的场合，如硫化铜精矿的干燥。其缺点是热利用率低，烟尘率高达 2%~3%，作为深度干燥时烟尘率高达 10%。逆流式干燥为烟气和物料流向相反，适用于氧化矿及各种渣料的干燥。其优点是热利用率高，烟尘率低。

回转窑干燥的优点为：

（1）生产能力大，可连续操作。

（2）结构简单，操作方便。

（3）故障少，维修费用低。

（4）适用范围广，可以用它干燥颗粒状物料，对于那些附着性大的物料也很有利。

（5）操作弹性大，生产商允许产品的产量有较大波动范围，不至于影响产品的质量。

（6）清扫容易。

回转窑干燥的缺点为：

（1）设备庞大，一次性投资多。

（2）安装、拆卸困难。

（3）热容量系数小，热效率低（但蒸汽管式转筒干燥热效率高）。

（4）物料在干燥器内停留时间长，且物料颗粒之间的停留时间差异较大，因此不适合于对温度有严格要求的物料。

1.2.2.2 回转窑干燥工艺流程

金川公司顶吹炉系统精矿干燥采用回转窑干燥工艺。各种湿精矿经配料后，通过上料皮带，由摇摆机加入回转干燥窑内；受后部排烟机抽力作用，设置在回转干燥窑头部的燃烧室提供的高温烟气通过回转干燥窑并与进入回转干燥窑内的湿精矿充分接触，发生热交换过程，使精矿含水降低到约8%，完成湿精矿的部分脱水。干燥后的精矿从回转干燥窑尾部排出，落入精矿返回皮带，送去制粒。电收尘器收集的烟尘通过仓式泵集中吹送至电炉硫化剂仓，最终加入电炉。具体工艺流程如图1-3所示。

1.2.2.3 回转窑干燥系统主要设备构成

回转窑干燥系统主要设备包括粉煤燃烧系统、回转干燥窑、电收尘器和排烟机等，其中回转干燥窑为精矿预干燥系统的核心设备。金川公司该干燥系统所有设备按两套设计。

（1）粉煤燃烧系统。粉煤燃烧系统主要由粉煤接收部分和燃烧部分组成。燃烧部分所属设备有1台环型天平秤、1台一次风机、1台二次风机（可变频调节）和燃烧室。另外，1个燃烧室设置了1个粉煤烧嘴，可最大燃烧2t/h粉煤。

（2）回转干燥窑。回转干燥窑主要由筒体、传动系统、支撑系统、窑头和窑尾密封装置、防黏结装置和润滑系统组成，干燥窑为 $\phi3.2m \times 26m$ 回转干燥窑。

1）筒体。回转干燥窑筒体分外筒体和内筒体。

外筒体长26m，由厚度为20~40mm的钢板卷制而成。安装滚圈、齿圈的部位为轮带段（厚度为40mm）；基本段厚度为20mm；基本段和轮带段之间由于钢板厚度变化较大，需要用厚度适中的钢板过渡，称为过渡段（厚度为30mm）。为了防止筒体高温变形，自进料端1.5m长度的外筒体须使用0Cr18Ni9Ti不锈钢材质，其他24.5m筒体使用Q235A材质。

硫化铜镍湿精矿有一定的腐蚀性，为延长筒体使用寿命，不挂链条段安装内筒体，内筒体为厚6mm的304不锈钢材质，内筒体内径为 $\phi3.2m$。内外筒体之间存在约29mm间隙，用圆钢支撑固定内外筒体。内筒体上固定直线升举式扬料板，扬料板为高300mm、厚6mm的304不锈钢材质。硫化铜镍湿精矿有很强的黏结性，在设备设计时充分考虑了防窑体内壁黏结的措施。考虑到防黏结装置会磨损窑体，在安装清理黏结物装置的区域，需要在外筒体内安装耐高温衬板。衬板为厚度35mm的ZGMn13-Ⅱ材质，分块拼装于外筒体内。因为安装衬板的部位正好是高温段，为了减少热能损失，考虑了此段的隔热问题，在衬板和外筒体之间安装6mm厚的石棉板，确保此段外筒体外壁温度小于150℃。

2）防黏结装置。硫化铜镍湿精矿有很强的黏结性，在设备设计时充分考虑了清理窑体内壁黏结的措施。前10m易黏结段采用花式挂链清理窑体黏结物，链条和链桩的材质为0Cr18Ni9，链条采用圆形链环，可延长链条使用寿命。

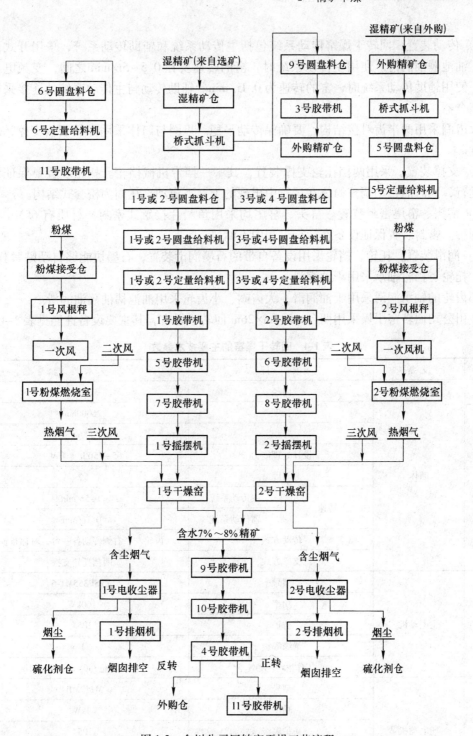

图 1-3　金川公司回转窑干燥工艺流程

3）导料装置。窑头罩上安装了摇摆机，可使硫化铜镍湿精矿倾斜抛入回转窑内。在进料端安装挡料板和导料板，挡料板可以防止物料返回窑头罩，导料板可以使物料向前推进。挡料板和导料板的材质均为 304 不锈钢。导料板的导料角度与窑中心线的水平夹角为 25°。

4）传动装置。回转干燥窑传动系统包括主传动系统和辅助传动系统，采用开式齿轮传动，油池蘸油润滑。使用主传动系统时，窑的转速要在 0.5~5r/min 之间，变频电动机调速；使用辅助传动系统时，窑的转速为 0.1r/min。辅助传动与主传动系统的连接采用超越式离合器。

大齿圈采用两半齿对接结构，要确保传动平稳。齿圈与筒体采用弹簧钢板支撑，确保同心度。

5）支撑装置。采用两挡托轮支撑装置，其中一挡带机械挡轮。托轮装置要保证设备平稳运行，同时能自动调整筒体在运行中出现的上、下窜动。托圈为松套式结构。

6）窑头、窑尾密封装置。窑头、窑尾均采用鱼鳞片接触式密封，材质有 65Mn 和不锈钢两种。密封装置保证设备在运行过程中不漏风。

7）润滑装置。托轮、挡轮采用设备自带的石墨润滑装置，石墨块能够自动贴紧托轮、挡轮。托轮、挡轮轴承采用干油润滑。

小齿轮的轴承润滑采用干油润滑，大齿圈、小齿轮采用油池稀油蘸油润滑。

金川公司回转窑干燥采用两台 $\phi3.2m \times 26m$ 回转干燥窑，其主要设备性能见表 1-4。

表 1-4　回转干燥窑的主要技术参数

序号	设 备	项　目		技 术 性 能
1	筒体	内径		3200mm
		长度		26000mm
		容积		209m³
		设计处理能力		65~75t/h（干基）
		斜度		5%
		转速	主传动系统	0~5r/min
			辅传动系统	0.1r/min
		传动方式		齿轮左、右侧传动各一台，对称布置
		支撑方式		两挡托轮支撑
2	主电动机	型号		YTSP355M1-6
		功率		160kW
		防护		IP54
		绝缘等级		F
		工作电源/频率		三相交流 380V，频率 50Hz
3	辅电动机	型号		M112MB4
		功率		4kW
		防护等级		IP54
		绝缘等级		F
		工作电源/频率		三相交流 380V，频率 50Hz
4	主减速机	型号		H3SH11
		速比		85

序号	设 备	项 目	技 术 性 能
5	辅减速机	型号	KZ108
		速比	120
6	润滑系统	大齿圈	—
		小齿轮	油池稀油润滑
		挡轮、托轮	石墨润滑
		润滑油牌号	冬季：按说明书确定
			夏季：按说明书确定
7		设备总质量	约 168t

1.2.2.4　回转窑干燥生产控制

金川公司回转窑干燥精矿的生产工艺控制参数见表 1-5。

表 1-5　回转干燥窑的主要工艺控制参数

序 号	项 目	参 数
1	加热介质	煤粉燃烧热烟气
2	最高入窑烟气温度	950℃
3	出窑烟气温度	110~130℃
4	入窑精矿含水	约 15%
5	出窑精矿含水	约 8%

1.2.3　蒸汽干燥

1.2.3.1　蒸汽干燥工作原理与特点

蒸汽干燥是指饱和（或过热）蒸汽通过蒸汽排管时，利用蒸汽排管与被干燥物料接触而去除水分的一种干燥方式。按一定配比混合好的湿铜精矿通过喂料螺旋器送入低速旋转的密闭型蒸汽管回转干燥机内，干燥机筒体设有一定的倾角，物料随着筒体的转动不停翻动，在向前移动的同时，通过筒体内的蒸汽管与饱和（或过热）蒸汽进行间接换热。干燥后的铜精矿由叶片导料装置从回转干燥机中心出料管排入干精矿分配仓。干燥尾气采用逆流排气，少量的热载气从蒸汽干燥机的出料口进入，携带干燥过程中蒸发的湿气体由设于干燥机进料端的载气出口排出，进入布袋收尘器净化后排空。其中，物料的进料量大小通过变频调节喂料螺旋器的螺旋转速来实现，物料在干燥机中的停留时间由变频调节回转圆筒的转速来控制。

经过研究比较，蒸汽干燥工艺具有以下优势：

（1）脱水的能耗与三段气流干燥相比降低约 17%（三段 1.3kW·h/kg；蒸汽 1.08kW·h/kg）。

（2）配置简单紧凑。

（3）由于尾气流量小，尾气含尘可使用布袋收尘器回收，因而投资省。

（4）低温干燥，脱硫率几乎为零。

（5）使用蒸汽作为热源，操作简单，且冷凝水可循环使用。

（6）设备少，维护工作量小，有效作业率高。

1.2.3.2　蒸汽干燥工艺流程

金川公司合成炉系统精矿干燥采用蒸汽干燥工艺。储存在铜湿精矿仓中的按一定配比配好的混合湿铜精矿，经过定量给料机精确计量后，由进料螺旋送入低速旋转的密闭型蒸汽干燥机中。在蒸汽干燥机中均匀排列着直径不同的蒸汽管，通入来自合成炉余热锅炉产出的 2.0MPa 的饱和蒸汽。物料随着简体的转动不停翻动，在向前移动的同时，与蒸汽管进行间接换热，将铜精矿干燥到含水小于 0.3% 后，由中心出料端排入精矿输送分配仓中。少量的热载气从蒸汽干燥机的出料口进入，携带干燥过程中蒸发的湿分气体由设于干燥机进料端的载气出口排出，进入干燥尾气处理装置。

铜精矿干燥采用两种压力的饱和蒸汽：一种为 0.8MPa 的低压饱和蒸汽，用于蒸汽伴管保温；另一种为 2.0MPa 的中压饱和蒸汽，作为载气加热器和蒸汽管回转干燥机的加热介质。饱和蒸汽通过过滤器、阀门组件进入干燥机蒸汽管和载气加热器的换热管中，换热后形成的冷凝水由疏水装置排出。

冷空气被鼓风机送入载气加热器后进行加热，加热至 150℃ 左右。加热后分为两路，一路热空气从回转干燥机出料端进气口进入，携带干燥过程中蒸发的湿分由干燥机进料端的尾气出口排出；另一路热空气在干燥机尾气出口处与尾气混合，提高尾气温度，避免尾气管路系统与布袋除尘器中结露。具体工艺流程如图 1-4 所示。

1.2.3.3　蒸汽干燥系统主要设备构成

金川公司蒸汽干燥系统的主要设备包括回转式蒸汽干燥机、布袋收尘器和仓式泵等。其中干燥机为精矿干燥的核心设备。

A　回转式蒸汽干燥机

蒸汽管回转干燥机是一种热传导型干燥设备，是回转干燥机的一种，与常规回转干燥机的差别在于简内安置了蒸汽加热管，蒸汽管贯穿整个干燥机，以同心圆方式排成若干圈，干燥所需热量均由蒸汽管提供。蒸汽管回转干燥机主要由机体、进料装置、进出料轴端密封、蒸气阀组、出料装置、传动系统、润滑系统组成。

（1）机体。蒸汽管回转干燥机机体主要包括简体、蒸汽管、锤击器等。直径不等的蒸汽管以同心圆方式分布于简内，并用多块环板支撑。蒸汽管的排列既要保证足够的传热面积，又要保证物料的畅通。支撑板是蒸汽管的支架，其布置不仅要考虑蒸汽管本身的承重，还要考虑热膨胀产生的移动。为了减缓物料对设备的腐蚀，蒸汽管全部选用厚壁管，金川公司干燥机蒸汽管采用 316L 材质，简体内与物料接触部分采用 316L 材质做内衬。

（2）进料装置。进料装置采用螺旋进料形式，由螺旋进料器、传动装置和检修滑道组

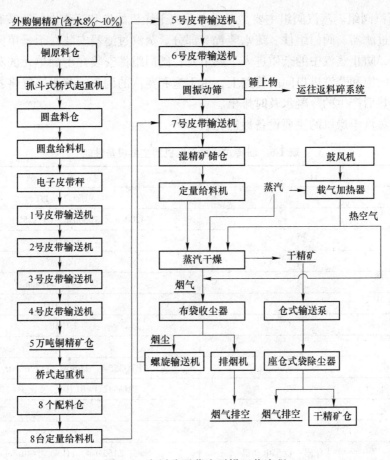

图 1-4 金川公司蒸汽干燥工艺流程

成。由于干燥尾气采用逆流排气，排气口在进料装置端，因此，进料装置的设计既要考虑尾气排出不发生堵塞，又要考虑进料口不能漏进冷空气，避免排气口与进料口发生短路。因而进料装置采用螺旋叶片与螺带的组合方式。

（3）进、出料口轴端密封。进料侧密封与出料侧密封结构均采用由大轴承定位的填料密封结构。大轴承由轴承架、定位板、滚珠组成。为了延长 V 形填料的使用寿命，在填料外部设置冷却夹套通入冷却水，防止填料由于温度过高而损坏。同时，为避免物料进入密封结构，在密封结构中设置压缩空气喷吹结构。

（4）出料装置。出料装置由导料抄板、导料螺旋、蒸汽分配器等组成，采用叶片导料型出料结构。干燥后的铜精矿粉从筒体中心出料管排出。

（5）传动装置。传动系统主要由变频调速电动机、液力耦合器、减速机、小齿轮、大齿圈、托轮、滚轮、挡轮、盘车电动机、盘车减速机和超越离合器等组成。盘车减速机、盘车电动机与主传动减速机通过超越离合器连接，主要用于蒸汽管回转干燥机启动前与检修时的盘车。

（6）润滑装置。润滑系统主要由稀油润滑站和电动油脂泵组成。稀油润滑站由双油泵、双油过滤器、电加热器及油路系统组成。齿轮润滑为油浴式。托轮的润滑为点滴式油站润滑。大轴承、托轮轴承、挡轮轴承、螺旋轴承及 V 形填料的润滑采用润滑脂，并通过电动油脂泵加入，电动油脂泵可定量间歇运行。

（7）蒸汽阀组。蒸汽阀组主要是对进入蒸汽干燥机的饱和蒸汽进行调节和控制。它包括饱和蒸汽过滤器、阀门组件、疏水装置等部分。蒸汽过滤器安装在干燥单元的饱和蒸汽进口管路上，防止蒸汽中的杂质进入干燥单元；阀门组件安装在干燥单元的蒸汽进口总管与各个设备的饱和蒸汽进口间的管路上，用于饱和蒸汽的调节；疏水装置将各换热设备中饱和蒸汽换热后产生的冷凝水及时排出。

回转式蒸汽干燥机的主要设备性能见表 1-6。

表 1-6 回转式蒸汽干燥机的主要设备性能

项　目		技 术 参 数
型号		HZG736-TJT
规格		$\phi4200mm \times 17000mm$，$Q = 135t/h$（干矿）
筒体内径		$\phi4200mm$
传热面积		$1400m^2$
筒体转速		$0.71 \sim 2.36r/min$
筒体倾斜度		2.0/100
工作压力		2.0MPa
工作温度		214℃
附：主电动机		YPTQ355-4，280kW，1489r/min，380V
附：主减速机		PHA9121P4RL100，速比 1：101.6
齿轮速比		27/168
附：液力偶合器		TVA750
附：盘车系统	附：盘车电动机	Y160M-4，11kW，1440r/min
	附：盘车减速机	CHHM15-6185-35，速比 1：35
	附：超越离合器	CY1-210
	输出转速	41.4r/min
附：喂料螺旋系统	附：喂料螺旋电动机	YP225M-4，45kW，$r = 1480r/min$，380V
	附：喂料螺旋减速机	CHHM60-6225-21，速比 1：21
	链轮速比	23/37
	螺带转速	$17.52 \sim 43.81r/min$
附：XHZ 稀油润滑装置		$Q = 25L/min$
附：稀油站电动机		$N = 1.1kW$
附：稀油站电加热器		$N = 6kW$
附：电动油脂泵		$N = 180W$，24VDC，30A
干燥机外形尺寸（长×宽×高）		$28590mm \times 7524mm \times 8396mm$
设备总重		374000kg

B 布袋收尘器

设备正常工作时，含尘气体由进风口进入灰斗，一小部分较粗的尘粒由于惯性碰撞或自然沉降等原因落入灰斗，其余大部分尘粒随气流上升进入袋室。经滤袋过滤后，尘粒被滞留在滤袋的外侧，净化后的气体由滤袋内部进入上箱体，再由阀板孔、排风口排入大气，从而达到收尘的目的。随着过滤的不断进行，收尘器阻力也随之上升，当阻力达到一定值时，清灰控制器发出清灰命令。首先将提升阀板关闭，切断过滤气流；然后，清灰控制器向袋迅速鼓胀，并产生强烈抖动，使滤袋外侧的粉尘抖落，达到清灰的目的。由于设备分为若干个箱区，所以上述过程是逐箱进行的，一个箱区在清灰时，其余箱区仍在正常工作，保证了设备的连续正常运转。

布袋收尘器主要由壳体、滤袋、笼骨、压缩空气气室、脉冲电磁阀、脉冲控制仪、螺旋出料器、星型卸料器等部分组成。为了除尘器的运行维护方便，该布袋除尘器采用双列并行设计。

为了防止尾气温度下降后在布袋除尘器的壳体上结露，布袋除尘器的壳体采用蒸汽伴管保温。

由于干燥尾气中 SO_2 的体积含量在 0.2%~0.4%，且尾气中含有大量水分，因此滤布必须具有一定的耐酸性，并经过抗结露处理。经过抗结露处理后，当尾气温度降到露点温度附近时，可以减轻或避免粉尘在滤布上堆积造成糊袋现象。滤袋材质采用聚苯硫醚覆膜滤袋，该滤料可以在 160℃ 以下长期连续工作，具有很好的耐酸性及抗结露功能，能够很好地避免或减轻因结露造成的糊袋现象。

布袋收尘器的主要设备性能见表1-7。

表1-7　布袋收尘器主要设备性能

序号	项　　目	单位	技　术　参　数
1	型号		LQMC96-2X12
2	处理风量	m^3/h	55740~66900
3	除尘效率	%	≥99.9
4	压降	Pa	1200~1600
5	总过滤面积	m^3	2149
6	设备外形尺寸	mm	9794（长）×7337（宽）×8874（高）

C　仓式泵

正压流态化仓式泵（NCD型）是发送罐式输送装置的一种，它用于压送式气力输送系统中，可作远距离输送。泵体内的粉粒状物料与充入的压缩空气相混合，形成似流体状的气固混合物，借助泵体内的压力差实现混合物的流动，经由输料管输送至储料设备。

仓式泵主要由泵体和辅件组成，其设备性能见表1-8。

表1-8　仓式泵及其辅件的主要设备性能

设备名称	规格型号	数量	单位	材　料	备　注
仓式泵	NCD10	1	套	16MnR，Q235-C	125T/H/套
排堵装置	DN100	1	套	铸钢（WCB）	
现场控制柜	（单泵）	1	只	亚德客 电磁阀	

设备名称	规格型号	数量	单位	材　料	备　注
PLC 控制柜	CB-3	1	套	PLC 西门子 S7 系列	
双闸板换向阀	DN250	1	套	铸钢（WCB）	气动
进料隔断阀	C671H-17	1	台	阀板 1Cr15	气动

1.2.3.4　蒸汽干燥生产控制

在精矿干燥过程中，精矿的成分变化很小，不会对工艺过程产生大的影响，而干精矿的水分、粒度随工艺参数的波动发生变化。在生产中直接用仪器仪表测定水分和粒度是相当困难的。精矿的水分与湿精矿给料量、蒸汽干燥机的尾气压力、尾气温度和干精矿温度等参数有关。

（1）给料量的控制。干燥机的进料量由定量给料机和螺旋加料器进行控制。由于干燥尾气采用逆流排气，排气口在进料端，因此，给料螺旋起着给干燥机加料和对烟气出口密封的双重作用。

操作人员在计算机手动设定定量给料机的给料量，由计算机自动跟踪调节，保持稳定的给料量。

给料螺旋转速和定量给料机的给料量之间按比例调节。根据给料量的变化，在计算机上手动或自动调节给料螺旋转速。

（2）干燥产品质量的控制。蒸汽干燥是采用 2.0MPa 的饱和蒸汽（温度为 214℃）作为干燥的热源，铜精矿在干燥机内停留时间 25~30min。干燥产品质量以干燥机出口的干精矿温度进行监控，正常控制在 100±10℃。根据干精矿温度的变化，提供一个反馈信号进行调整：若调整干燥机入口蒸汽量，蒸汽量调节明显滞后，严重影响干精矿的产品质量；若调整定量给料机的给料量，同样也存在滞后问题。同时以干精矿温度作为控制点在控制上很难实现。

由于蒸汽干燥机采用变频调速电动机，物料在干燥机内的停留时间可以通过调整干燥机的转速进行控制。而干燥过程中提供的蒸汽量是相对稳定的，也就是说干燥过程的热量是相对恒定的，初步认为：湿铜精矿的给料量和含水量在一定范围内与蒸汽干燥机的转速成对应关系（其对应关系需要与天华院结合，并通过生产实践进行摸索后确定）。因此通过调整干燥机转速，以调节物料与干燥机内蒸汽排管之间的传热速率来控制干燥产品质量更直接。在计算机上手动设定湿铜精矿的给料量后，根据给料量、水分含量以及蒸汽量等核算出干燥机的转速后，在计算机上手动或自动设定干燥机的转速。并通过检测干精矿温度，以作为精矿干燥深度的判定依据。

干燥机转速确定后，生产中通常用控制蒸汽干燥机的尾气压力和尾气温度来进行微调，以控制精矿最终含水。

（3）干燥机尾气温度的控制。冷空气经载气加热器预热到 150℃。加热后的热空气分为两路：一路从回转干燥机出料端进气口进入，携带干燥过程中蒸发的湿分由干燥机进料端的尾气出口排出；另一路在干燥机尾气出口处与尾气混合，提高尾气温度。在进干燥机的热空气管路上设有调节阀门，根据干燥机尾气温度变化，在计算机上手动或自动调整阀门的开度，以控制干燥机进口烟气温度在120℃左右。

（4）干燥机尾气压力的控制。干燥机载气从出料端进入，蒸发的湿分从进料端排出。控制干燥机尾气压力目的在于：

1）使湿精矿蒸发的湿分能够顺利排出；

2）控制干燥尾气中携带的烟尘含量；

3）控制干燥过程的深度，监测干燥机的密封状态。

干燥机尾气压力正常控制在-1000Pa左右。根据干燥尾气压力的变化，在计算机上手动或自动调整阀门的开度。

（5）布袋收尘器入口温度的控制。布袋收尘器入口温度正常控制在100 ± 10℃。由于干燥尾气中含有大量水分，为避免尾气温度过低造成布袋低温结露，在尾气中通入部分预热后的热空气。布袋收尘器入口温度通过调整鼓风机的转速进行调节。鼓风机采用变频调速电动机，根据布袋入口温度的变化，反馈信号，在计算机上手动或自动调整鼓风机的转速。

（6）布袋收尘器入口压力的控制。布袋收尘器的差压通过调整干燥排烟机的转速进行控制。干燥排烟机采用变频调速电动机。干燥排烟机排出的烟气量包括根据湿精矿的蒸发组分、载气量和尾气补充的热空气量。首先，根据处理的湿铜精矿量，在计算机上手动设定干燥排烟机的转速，计算机自动跟踪；然后，根据布袋收尘器入口压力的变化，在计算机上手动或自动调整干燥排烟机的转速。

（7）布袋收尘器清灰的控制。布袋收尘器自带PLC控制柜，根据布袋收尘器的差压变化，在PLC控制柜上可实现手动和自动清灰操作，也可定时进行手动和自动清灰操作。PLC柜可与中央控制室进行数据通讯，接受中央控制室的控制。

（8）干精矿输送的控制。干精矿输送配有三台仓式泵，其工作制度是一台进料，一台输送，一台备用。干精矿输送设机旁和PLC两地控制，仓式泵自带PLC控制柜，在PLC控制柜上可实现三台仓式泵吹送作业的转换，也可实现手动和自动吹灰操作。PLC柜可与中央控制室进行数据通讯，接受中央控制室的控制。

在仓式泵的输送管路上设有电动两路阀。两路阀可以实现机旁和控制室控制。根据输送仓式泵的不同，在计算机上手动设定两路阀方向。

（9）干精矿接收的控制。干精矿接收装置为座仓式袋除尘器，布袋收尘器带有PLC控制柜，在PLC控制柜上可实现手动和自动定时吹灰操作。PLC柜可与中央控制室进行数据通讯，接受中央控制室的控制。

布袋收尘器带有现场控制柜，可实现现场（机旁）吹灰操作和控制。

（10）远程控制。湿精矿配料和精矿干燥系统所有设备的运行状态均能够在中央控制室显示。所有定量给料机的给料量能够在中央控制室设定。精矿干燥系统所有仪表显示进入中央控制室，干燥系统设备运行状态在中央控制室显示。

1.2.4　喷雾干燥

1.2.4.1　喷雾干燥工作原理与特点

喷雾干燥是用喷雾的方法使物料化为雾滴分散在空气中，物料与热空气以并流、逆流或混流的方式相互接触，使水分迅速蒸发，达到干燥目的。原料液可以是溶液、乳浊液、悬浮液，也可以是熔融液或膏状液。干燥产品根据需要可制成粉状、颗粒状、球心状或团粒状。工业规模的喷雾干燥器，热效率一般为 40%～50%。采用这一方法的有澳大利亚、博茨瓦纳以及前苏联。

喷雾干燥的优点有：

（1）由于雾滴群的表面积很大，物料所需的干燥时间很短（以秒计）。

（2）在高温气流中，表面润湿的物料温度不超过干燥介质的湿球温度，由于迅速干燥，最终的产品温度也不高。因此，喷雾干燥特别适用于热敏性物料。

（3）根据喷雾干燥操作上的灵活性，可以满足各种产品的质量指标，如粒度分布、产品形状、产品性质以及最终产品的湿含量。

（4）简化工艺流程。在干燥塔内可直接将溶液制成粉末产品。此外，喷雾干燥容易实现机械化、自动化、减少粉尘飞扬，改善劳动环境。

但喷雾干燥也存在以下缺点：

（1）当空气温度低于 150℃时，体积传热系数较低，为 23～116W/（m³·K），所用设备容积大。

（2）对气固混合物的分离要求较高，一般需两级除尘。

（3）热效率不高，一般顺流塔型为 30%～50%，逆流塔型为 50%～75%。

1.2.4.2 喷雾干燥工艺流程

喷雾干燥在有色冶炼行业应用得较少，其典型工艺流程如图 1-5 所示。

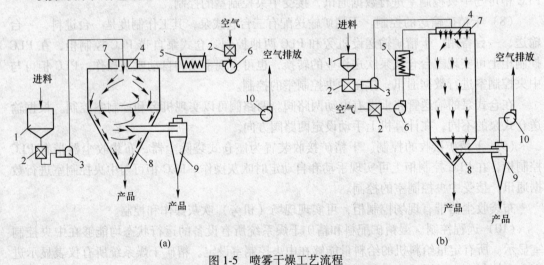

图 1-5 喷雾干燥工艺流程

（a）旋转式（或称轮式）雾化器；（b）喷嘴式雾化器

1—料罐；2—过滤器；3—泵；4—雾化器；5—空气加热器；6—鼓风机；
7—空气分布器；8—干燥室；9—旋风分离器；10—排风机

1.2.4.3 喷雾干燥主要设备构成

喷雾干燥系统的主要设备包括空气加热系统、原料液供给系统、干燥系统、气固分离系统以及控制系统。雾化器是喷雾干燥装置的关键部件。

喷雾干燥所用雾化器可分为离心式、压力式和气流式三类。

(1) 离心式雾化器。料液在高速转盘（圆周速度 90~160m/s）中受离心力作用从盘边缘甩出而雾化。

(2) 压力式雾化器。用高压泵使液体获得高压，高压液体通过喷嘴时，将压力能转变为动能而高速喷出分散为雾滴。

(3) 气流式雾化器。采用压缩空气或蒸汽以很高的速度（≥300m/s）从喷嘴喷出，靠气液两相间的速度差所产生的摩擦力使料液分裂为雾滴。

在我国压力式和离心式雾化器用得较多，小型喷雾干燥装置也有用气流式雾化器的。

1.2.4.4　喷雾干燥主要影响因素

(1) 进料速率的影响。在恒定的雾化和干燥条件下，颗粒尺寸和干燥产品的堆密度随着进料速率的增加而增加。

(2) 料液中固含量的影响。料液中固含量增加时，干燥产品的颗粒尺寸也随之增加。在恒定的干燥温度和进料速率下，由于料液中固含量的增加，蒸发负荷将减小，因而得到湿含量较低的产品。由于水分蒸发很快，容易生成干燥的空心颗粒和堆密度较低的产品。

(3) 进料温度的影响。当为了便于料液的输送和雾化而需要降低黏度时，增加进料温度对于干燥产品性质有一定影响。增加料液温度将降低雾滴蒸发所需的总热量。但是，继续提高料液的热含量与汽化所需的热量相比还是很小的。

(4) 表面张力的影响。表面张力是以影响干燥和雾化机理来影响干燥产品性质的。雾滴中含有微细液滴的比例提高了，雾滴分布就更宽。表面张力低的料液产生的雾滴较小。表面张力高的产生很大的液滴，而尺寸分布也较窄。

(5) 干燥空气进口温度的影响。干燥空气的进口温度取决于产品的干燥特性。对于在干燥时膨胀的雾滴，升高干燥温度将产生堆密度较低的大颗粒。然而，如果温度升高到使蒸发速率迅速提高从而使液滴膨胀、破碎或分裂，那么就会生成密集的碎片而形成堆密度较大的粉尘。

(6) 进料速率的影响。增加雾滴和空气之间的接触速度，会提高混合程度，从而提高传热和传质速率。随着接触速度的增加，蒸发时间变短，干燥产品颗粒呈现出不规则的形状。由于产品的不同，堆密度也有变化，但还得不出一般性结论。

1.2.5　闪蒸干燥

1.2.5.1　闪蒸干燥工作原理

热风从干燥机底部的旋流器沿切线方向进入干燥机内，并产生高速回旋的上升气流；待干燥的物料由加料器输送至干燥室内，并在高速回旋气流和底部搅拌器的共同作用下，团块状物料被不断破碎、分散、沸腾和干燥。干燥合格的物料被气流从干燥机上部出口带出，经捕集后得到干燥成品。颗粒太大或湿度较高的物料被设置在干燥室上部的分级堰板阻挡，并在干燥室内得到进一步干燥，直至被气流带出。

1.2.5.2　闪蒸干燥工艺流程

闪蒸干燥的工艺流程如图 1-6 所示。

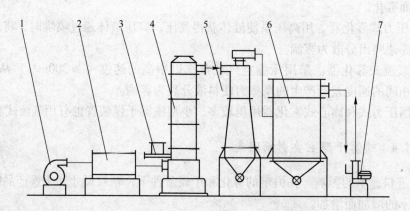

图 1-6　闪蒸干燥工艺流程

1—鼓风机；2—加热器；3—加料器；4—旋转闪蒸主机；5—旋风分离器；6—脉冲袋式除尘器；7—引风机

1.2.5.3　闪蒸干燥主要设备构成

闪蒸干燥设备是一种带有旋转粉碎装置的竖式流化床干燥设备，其主体为一个圆筒形干燥室，由底部的粉碎流化段、中部干燥段和顶部分级段组成，能同时完成物料的粉碎、干燥、分级等操作。另外，闪蒸干燥还有加热器、加料器、搅拌破碎系统、分级器、干燥主管、旋风分离器、布袋除尘器、风机等组成部分。

熔 剂 制 备

2.1 熔剂制备作用和目的

2.1.1 熔剂在造渣过程中作用

在有色冶炼精矿熔炼过程中，氧化反应生成的金属氧化物和加入炉内的熔剂中的 SiO_2 按照以下反应完成熔炼造渣反应：

$$2FeO + SiO_2 \Longrightarrow 2FeO \cdot SiO_2$$
$$2MeO + SiO_2 \Longrightarrow 2MeO \cdot SiO_2$$

SiO_2 作为熔剂，主要有以下几个优点：

（1）炉渣与冰铜不互熔。

（2）铜在炉渣中的熔解度很小。

（3）具有良好的流动性。

2.1.2 熔剂制备目的

熔剂制备主要目的是将块石英加入熔剂磨碎设备中，使之进行磨碎和干燥，从而产出粒度-60 目（-250μm）小于90%、水分小于1%的合格石英粉，供生产使用。

2.2 磨矿主要技术指标

磨矿的效果一般用磨矿粒度、生产能力、磨机作业率、单位功耗生产率和技术效率等指标来衡量。

（1）磨矿粒度。适宜的磨矿粒度一般通过试验来确定，也可以由生产过程中不断的测定来确定。石英粉的粒度要求是-60 目（-250μm）大于90%。

磨矿产品的粒度过粗或过细都将影响系统的生产。粒度过粗，则影响石英粉的产品质量，并加剧熔剂加工系统的设备磨损，同时也影响熔剂计量设备的正常下料，引起设备故障。粒度过细（称为过磨或过粉碎），则会造成系统的分级效率降低。

（2）磨机生产能力。磨机生产能力是衡量磨机本身工作好坏的指标，也是评价磨矿技术管理和磨矿工操作水平高低的主要依据。

磨机台时生产能力是指在一定给矿和产品粒度条件下，单位时间内磨机能够处理的原矿量，以 t/（台·h）表示。只有在磨机的形式、规格、矿石性质、给矿粒度和产品粒度相同时，才能比较简明地评述磨机的工作情况。

（3）磨机作业率。磨机作业率又称运转率。它是指磨机实际运转的小时数占日历小时数的百分数，即：

$$磨机作业率 = \frac{磨机总运转时间}{同期日历总时间} \times 100\%$$

球磨机从启动到停止运转（试车除外），无论给料与否都作运转计算。磨机作业率的准确计算，关键在于运转时间的统计，因此要求认真填写开车时间和停车时间，以算出本班实际运转时间。

（4）磨机单位功耗生产率。磨机单位功耗生产率是指磨矿时，每消耗 1 度电，磨机所能处理的原矿量，也称磨矿效率。通常有以下几种表示方法：

1）消耗 1 度电所处理的原矿吨数，t/度或 t/（kW·h）。

2）消耗 1 度电所得的按指定级别（如−250μm）计算的磨矿产品吨数，t/度。

与单位功耗生产率的表示法相反，如果把"t/度"颠倒过来变成"度/t"，则表示磨碎 1t 原矿需要消耗的电量。"度/t"称为相对功耗或者称为比功耗，又称功指数。它也是衡量磨矿效果的重要工艺指标，在比较磨矿机能耗时经常用到。

（5）磨机技术效率。磨矿过程中磨矿产品的粒度过细或过粉碎对生产都不利，因此对磨矿工作的好坏进行评价时，不仅要看生产能力，还要检查给矿中粗粒级有多少磨到合格粒度，有多少磨成了难选微粒。这就引出了磨矿技术效率的概念。

所谓磨机的技术效率是指磨矿所得合格粒度与给矿中大于合格粒度之比，减去磨矿所生成过粉碎部分与给矿中未过粉碎部分之比，用百分数表示。其计算公式为：

$$E_{效} = \frac{(\gamma - \gamma_1) - (\gamma_3 - \gamma_2)\left[1 - (\gamma_1 - \gamma_2)/(100 - \gamma_2)\right]}{100 - \gamma_1} \times 100\% \tag{2-1}$$

式中　$E_{效}$——磨机的技术效率，$t/(m^3 \cdot h)$；

γ——磨机排料中小于规定的最大粒度级别的产率，%；

γ_1——磨机给料中小于规定的最大粒度级别的产率，%；

γ_2——磨机给料中过粉碎部分的产率，%；

γ_3——磨机排料中过粉碎部分的产率，%。

由式（2-1）可看出，当 $\gamma = \gamma_1$、$\gamma_2 = \gamma_3$ 时，$E_{效} = 0$，说明磨机没有发生磨碎作用。当 $\gamma = 100\%$、$\gamma_3 = 100\%$ 时，同样 $E_{效} = 0$，说明矿石已被全部磨成了过粉碎，达不到磨矿的预期效果。

2.3　熔剂制备工艺

冶炼行业熔剂制备主要工艺有球磨机工艺和立式磨工艺两种。

2.3.1　熔剂制备球磨机工艺

球磨机工艺是传统的粉磨工艺，适用于粉磨各种矿石及其他物料，是物料被破碎之后，再进行粉碎的关键设备。

2.3.1.1　球磨机磨矿基本理论

A　球磨机磨矿介质的运动轨迹

球磨机的磨矿是在装有许多直径大小不一的钢球的筒体内进行的。在传动机构的驱动下筒体以一定的转速旋转时，装在筒体内的钢球就要产生相对运动。从钢球在筒体内的运动轨迹看，相对运动可分为两种情况：一种是跟随筒体上升的圆周运动，另一种是脱离筒壁沿抛物线的跌落运动。这里是指球磨机在所谓的抛落式状态下工作时钢球的运动轨迹。

钢球产生上述运动的原因，主要是球磨机运转时，钢球受到球磨机施予的和钢球本身固有的（重力）4 种基本力量的综合作用结果。这 4 种力分别为离心力、重力、摩擦力和机械阻力。

（1）离心力：与任何做圆周运动的物体一样，钢球在筒体内做圆周上升运动时受到离心力的作用。离心力的作用方向与筒体的法线方向一致，即与筒体半径相重合、方向由筒体中心指向筒壁。它的大小与钢球的质量、筒体转速的二次方呈正比，与钢球的中心到球磨机中心的距离呈反比，用公式表示为：

$$F = \frac{mv_{\mathrm{t}}^2}{R}$$

式中　F——离心力；

　　　m——钢球的质量；

　　　v_{t}——磨矿机筒体转速；

　　　R——钢球中心到磨矿机中心的距离。

（2）重力：是由于钢球本身具有一定的质量，受地心的引力作用而产生的。重力的大小与钢球的质量呈正比，方向垂直向下指向地心。在球磨机运转时钢球与筒体上升的过程中，重力分解为沿球磨机半径的法向分力（方向随钢球所处的位置不同而改变）以及切向分力（始终与球磨机半径相垂直，但指向也随钢球所处的位置不同而变化）。重力用公式表示为：

$$G = mg$$

式中　G——重力；

　　　m——钢球的质量；

　　　g——重力加速度。

（3）摩擦力：是由于离心力和重力的法向分力对球磨机筒壁产生的正压力配合上钢球与筒壁接触点的摩擦系数而构成的。它的方向与重力的切向分力相反，大小取决于离心力、重力的法向分力和摩擦系数。

（4）机械阻力：是由于钢球的大小、表面粗糙度和规格程度不同引起的。它在球磨机水平直径以下部分才表现出来。

B　球磨机磨碎物料过程的基本原理

钢球在球磨机内受到 4 种力的作用，又以 3 种形式对被磨物料产生粉碎作用，即冲击、挤压、研磨。

（1）冲击破碎。钢球在脱离圆形轨迹以抛物线轨道下落时，具有一定的动能和势能，所以就对筒体底部的物料发生冲击，把它们破碎。钢球对物料冲击力的大小取决于球磨机的转速、钢球的质量和钢球的下落高度，其次还与球磨机内物料的高度和浓度有关。

（2）挤压破碎。在球磨机做回转运动时，装在筒体内的钢球围绕筒体轴线以圆形轨迹上升的运动称为公转。公转时钢球由筒体底部向上提升，钢球在上升过程中从筒壁向里分成若干层，层与层、钢球与钢球、钢球与筒壁之间都夹带着物料。由于有离心力和重力作用，这些夹带的物料就受到钢球与钢球和钢球与筒壁间挤压作用而被挤碎。

（3）磨剥破碎。钢球在随筒体上升过程中，所受到的摩擦力和重力的方向和作用点都不一致，摩擦力力图使钢球向上，而重力力图使钢球向下，摩擦力作用在钢球的表面切线上，而重力集中在钢球中心上，它们作用的方向基本相反，这样钢球就受到一对力偶的作用，产生围绕自身中心的自转。自转的速度各层钢球不一样，由筒壁向里逐层减慢，所以层与层之间自转存在速度差。这样，夹杂在钢球与钢球和钢球与筒壁之间的物料受到磨剥作用而被磨碎。

由此可知，球磨机磨矿过程物料被粉碎的基本原理是：球磨机以一定转速做回转运动，处在筒体内的钢球由于旋转时产生离心力，而与筒体间产生一定摩擦力。摩擦力使钢球随筒体旋转，并达到一定高度。当其自身重力大于离心力时，就脱离筒体抛射下落，从而击碎矿石。同时在磨机运转过程中，钢球还有滑动现象，对矿石也产生研磨作用。所以矿石就在钢球产生的冲击、挤压和摩擦等联合作用下得到粉碎。

C　球磨机的工作状态

球磨机的工作状态是指磨矿介质——钢球的运动状态。在磨矿过程中，钢球的提升高度与抛落的运动轨迹主要取决于球磨机的转速和钢球的装填量。其工作状态分为泻落状态、抛落状态和离心状态，三种状态示意如图 2-1 所示。

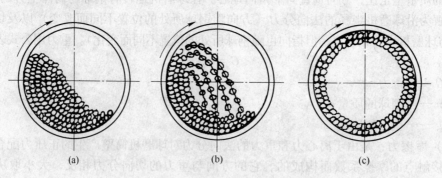

图 2-1　球磨机工作状态

（a）泻落状态；（b）抛落状态；（c）离心状态

（1）泻落状态。当球磨机低速运转时，钢球受到的离心力比较小，摩擦力也比较小，因此提升高度较低。全部钢球向筒体旋转方向偏转一定的角度（约 45°~50°）后，不再随筒体一起上升，只能不断地沿圆形轨道上升到上部倾斜层，然后向下"泻落"回筒体底部。这种运动状态称为球磨机的泻落式工作状态。

在泻落状态下工作的球磨机，钢球只能沿筒壁滑动，钢球层与层之间也做相对滑动，钢球本身绕自己轴线做自旋转动。因此物料不受冲击力的破碎作用，只受到挤压和磨剥作用，钢球对物料的粉碎作用比较弱。生产中很少采用泻落式工作，只有在入磨物料的硬度很低，可磨性很好，或者处理细粒砂矿时采用。

（2）抛落状态。当球磨机以正常转速运转时，钢球受到的离心力将提高较大的幅度，摩擦力也必然加大，钢球随筒体做圆运动上升到一定高度后，就脱离筒壁形成自由的、以一定的水平分速度沿着抛物线轨道下落的运动，成为抛落式状态落回筒体底部。

球磨机在抛落状态下工作时，被磨物料在圆曲线运动区受到球的磨剥作用和挤压作用，在底脚区受到下落球的冲击和强烈翻滚着的钢球的磨剥作用，而且在抛落状态时，由于球磨机的转速比泻落时要高，钢球的自旋速度加快，相互之间的摩擦激烈，钢球的冲击、磨剥和挤压作用都得到了充分的发挥，物料受到最强烈的粉碎，所以抛落式的工作状态是磨矿过程中采用最广泛的工作制度。实现抛落式工作制度的球磨机转速有多种，它与球磨机筒体直径、介质的装入量及其规格有关。一般，筒体直径大、介质装入量大的球磨机，较低一些的转速就可以达到的抛落式，但最有利的工作转速应该是保证钢球获得最大的下落高度。

（3）离心状态。当球磨机转速提高到某个极限数值时，钢球受到的离心力足够大，它等于或超过了重力，所以钢球不能下落，不论处在什么位置都无法与筒壁脱离，而是以多层的形式紧紧地贴在球磨机筒体内壁上与筒体一起公转，钢球本身也不再自旋，这种状态称为离心状态。

在离心状态下，钢球与球磨机完全成为一体，它们不发生任何相对运动，钢球完全丧失了对物料的粉碎能力，理论上不产生磨矿作用。所以，球磨机应在低于离心运转的转速条件下工作。

D 球磨机的转速

球磨机的转速不同时，装在球磨机筒体内的钢球具有不同的运动形式，而不同的运动形式对物料的粉碎效果（即磨矿效果）是不同的。最合适的球磨机转速是要保证钢球获得最大的下落高度。这个最大的下落高度，显然只有当钢球上升到筒体最高点时与筒体分离而落下才能获得。

a 钢球在筒体内的运动规律

为了合理地选择球磨机的工作参数（如临界转速、工作转速等），提高球磨机的磨矿效率和生产能力，必须了解钢球在筒体内的运动规律。钢球在筒体内的运动规律可以简单概括如下：

（1）当球磨机在一定的转速条件下运转时，钢球在离心力和重力的作用下做有规则的循环运动。

（2）钢球在筒体内的运动轨迹，由做圆弧轨迹的向上运动和做抛物线轨迹的向上运动所组成。

（3）各层钢球上升高度不同。最外层到最内层介质的上升高度依次逐渐降低。

（4）各层介质的回转周期不同。愈靠近内层，回转周期愈短。

b 临界转速

能够把钢球提升到筒体最高点时使钢球受到的离心力和重力相等时的球磨机转速，称为临界转速。

临界转速是钢球离心与否的分水岭。其计算公式如下：

$$n_0 = \frac{42.4}{\sqrt{D}}$$

式中 n_0——磨机的临界转速，r/min；

D——磨矿机筒体的有效直径，即筒体规格直径减去两倍衬板的平均厚度。

生产中，相同直径的球磨机的工作转速都比临界转速要低，一般是临界转速的76%~88%，即 $n_{球} = (76\% \sim 88\%) n_0$。

c 转速率

不同规格球磨机的临界转速和工作转速都不相同，直径小的球磨机需要较高的转速才能使钢球处于较理想的工作状态，而大直径的球磨机不需太高的转速就能使钢球在理想状态下工作。为了使不同直径球磨机的工作转速可以进行比较，引出了转速率的相对概念。

转速率就是球磨机的实际工作转速与它本身的临界转速之比的百分数。

E 钢球的配比和补加

各种不同规格钢球的搭配比例（重量比）称钢球的配比。钢球的配比和补加的合理性，对提高球磨机的生产率和节约能耗有着重要意义。影响钢球合理配比和补加的因素比较多，主要考虑的是入磨矿石的粒度组成和能量消耗情况，特别是把入磨矿石粒度的组成作为钢球配比的主要依据。

a 钢球的配比

各种规格的钢球所占的比例可以和球磨机全给矿（原矿+返砂）的粒度组成中相应粒级的产率相当。如果过细粒级已经达到磨矿指定的粒度，就应当把它们扣除，然后把剩余粒级作为总产率来计算。

（1）钢球充填率。钢球的体积（包括空隙在内）占球磨机工作容积的百分数称为球磨机的钢球充填率，用"ψ"表示。其中球磨机的工作容积（又称有效容积），是指球磨机筒体内容积扣除衬板所占据容积后的实际容积。生产中应经常测定球磨机的钢球充填率。其经验公式为：

$$\psi = \frac{0.785a \{R^2 - [R^2 - (a/2)^2]^{1/2}\}}{\pi R^2} \times 100\% \tag{2-2}$$

式中 R——球磨机扣除衬板厚度后的有效内半径，m；

a——球磨机静止时钢球所占阴影部分的弦长，m。

由式（2-2）可知，钢球充填率仅与钢球平面上两筒壁间的距离（即弦长 a）有关，只要测得 a 值，就可算出钢球充填率。在测量 a 值前，筒内应平整，同时可多测几个断面后取平均值，这样计算结果较准确。

（2）装球总量的计算。当球磨机的钢球充填率确定以后，可以求出装球总重量 G。

$$G = \delta\psi \frac{\pi D^2}{4} \cdot L$$

式中　G——装球总重量，t；

　　　δ——钢球的堆密度，t/m^3；

　　　ψ——钢球充填率，%；

　　　D——球磨机筒体有效内直径，m；

　　　L——球磨机筒体内有效长度，m。

球磨机工作时，给入的矿量一般为装球量的14%，所以球磨机工作时的总负荷量（钢球+矿石）约为：

$$G_{总} = G + 0.14G = 1.14G$$

（3）钢球直径大小的选择。球磨机的给矿是由若干种大小不同的粒子群组成。生产实践证明，只装一种尺寸的钢球，磨碎效果不如装几种尺寸不同的混合钢球好。在钢球充填率一定时，钢球直径小则个数多，磨机每运转一周钢球对矿粒的打击次数也较多，但打击力较弱；而钢球直径大则个数少，打击次数少，但打击力强。因此，各种大小直径的钢球应按一定的比例搭配使用，这样既有足够的打击力度又有较多的打击次数，提高磨矿效果。选择装入球磨机钢球直径大小的主要依据是入磨矿石的粒度组成。生产中不同给矿粒度与常采用的钢球直径大小见表2-1。

表 2-1　不同给矿粒度与钢球直径大小对照表

给矿粒度组成/mm	钢球直径/mm	给矿粒度组成/mm	钢球直径/mm
18~12	120	6~4	70
12~10	100	4~2	60
10~8	90	2~1	50
8~6	80	1.0~0.3	40

据研究，当球磨机的规格球充填率和磨机转速一定时，引起球磨机输入功率变化的主要因素只有钢球的直径。适当减小钢球直径，可以节约球磨机能耗。这样又引出了合理选择球磨机装球直径的理论。最大钢球直径估算公式为：

$$B = 25.4\sqrt{d}$$

式中　B——最大钢球直径的尺寸，mm；

　　　d——给矿粒度，mm。

（4）钢球直径的配比。钢球直径的配比包括两层意思：一是要确定选用哪几种规格的钢球，二是要确定各种规格的钢球各占多大比例和实际质量。合理配球的目的，就是在球磨机中保持大球、中球和小球有适当的比例。

生产中常用的合理配球的方法是：先将球磨机的全给矿（原矿+返料）取样进行筛分，把这些矿样分成若干级别，如分成18~12、12~10、10~8、8~6……，再由各级别的质量算出它们的产率。然后用各级别的上限粒度或平均粒度，算出各自应选配的最大钢球直径。这样就算出了需要加入球磨机的各种钢球的直径，得出钢球尺寸的配比。但在配球时，一般只选用几种尺寸的钢球，过小直径的钢球不装入。因此在球径选择计算时，就应把入磨矿石中已达到指定粒度的那一部分的产率去掉。还有一种办法是把过细部分的产率调整到粗级别产率中去，然后再计算各种尺寸钢球的产率（即质量比）。而各种尺寸钢球的质量比可以与入磨矿石粒度组成中各级别的产率相当，在算出装球总量后，便可求出各种尺寸的钢球应装入的实际质量。

熔剂加工系统中钢球的级配如下：ϕ90mm（3t）、ϕ80mm（4t）、ϕ70mm（6t）、ϕ60mm（9t）、ϕ50mm（11t）、ϕ40mm（9t）。

b　钢球的合理补加

随着磨矿工作不断进行，装入球磨机内的钢球在把矿石粉碎的同时，自身也因磨损而消耗，不仅质量愈来愈轻，而且直径也愈来愈小，所以在磨矿过程中要不断地添加钢球。补加的目的：一是要保持初装钢球时的充填率；二是要使钢球的配比（包括球径比和质量比）也基本保持不变，以便保证球磨机始终保持较高的磨矿效率。

最合理的补加办法是：合理装球后经过一段时间的工作，把钢球倒出来清理分级，把它们分成若干个级别，如 90~80、80~70、70~60……，再称出各个级别的质量，算出它们所占的比例，找出磨损规律。根据这些资料来确定需要补加钢球的规格、各种规格的补加量，制定出合理的补加制度。这种方法是准确、合理的，但工作量很大。

生产中普遍采用的是按磨矿试验时所提供的磨碎 1t 矿石要消耗钢球量来进行补加，或者根据自己生产的实际消耗量来补加，但补加效果不一定好，很难做到球荷平衡。

钢球的消耗量（磨损量）按式（2-3）计算。

$$钢球消耗量 = \frac{最初装球量+补加量-清理出的废球}{处理矿石量}（kg/t）\qquad (2-3)$$

生产中应定期清理球磨机内的废球，清理周期随钢球的质量不同而不同，钢球一般每 6~10 个月清理一次。

F　影响球磨机磨矿过程的主要因素

影响磨矿作业工艺指标、物料消耗、能耗等的因素很多，除操作管理方面的因素外，还有原料、设备等各种因素，主要分为入磨物料性质、球磨机结构和转速、操作条件三个方面。

a　入磨物料性质的影响

入磨物料性质可以分为矿石的可磨性、粒度组成、矿石的嵌布粒度和磨矿产品粒度等几个方面。

（1）矿石可磨性的影响。矿石的可磨性是指矿石由某一粒级磨到规定粒度的难易程度，它说明矿石是好磨的还是难磨的。具体用矿石的可磨性系数来衡量。矿石的可磨性系数与矿石的机械强度、嵌布粒度特性和磨碎比等有关。矿石越硬，可磨性系数越小，将其磨碎到所要求的粒度需要的时间较长，消耗的能量也较多，故磨矿的生产率比较低。若矿石的可磨性系数较大，则磨矿的生产率比较高。矿石为中硬矿石时，可磨性系数为 1。而硬矿石的强度大，可磨性系数都小于 1。

（2）嵌布粒度的影响。在同一矿石中，有用矿物的嵌布粒度也不是完全均匀的。在磨矿时会出现嵌布粒度粗的矿石过粉碎，而嵌布粒度细的还没有达到单体解离的问题。所以，会有选择性磨碎现象，一部分还没有磨碎，另一部分已经粉碎了。矿石的嵌布粒度越细，愈需要较细的磨矿粒度才能达到单体分离，所以需要较长的磨矿时间，这样就降低了球磨机的生产能力。

（3）给矿粒度和磨矿产品粒度的影响。入磨矿石粒度的大小，对球磨机的生产率，特别是对能量的消耗量影响很大。一般规律是：磨矿粒度相同时，给矿粒度愈细，球磨机的处理能力愈高，能耗也愈低；给矿粒度相同时，磨矿产品粒度愈细，球磨机的处理能力愈低，而能耗也愈高。

降低给矿粒度能够提高球磨机的生产率，主要原因是：

1）给矿粒度降低，磨到指定粒级所需要的磨矿时间比给矿粒度粗时的要短，因为给矿粒度细，磨到指定粒度的磨碎比小。

2）给矿粒度细时，给料中所含的按磨矿产品粒度要求的合格粒子的含量相应增多部分。但是，给矿粒度过细时，其中所含的合格产品数量大，磨矿时这一部分容易产生过粉碎，造成磨矿的技术效率下降，故球磨机的给矿粒度要适当。

当给矿粒度基本固定时，磨矿产品粒度要求的细时，磨矿的能量消耗和材料消耗都高，球磨机的生产率低，这是因为：

1）给矿粒度相同，磨矿产品粒度要求的细时，磨碎比大，磨到指定粒级所需要的时间长。

2）球磨机内的钢球破碎物料有选择性，先破碎软的或松脆的易碎矿石，剩下的是结构致密、质地坚硬的难磨粒子。磨矿时间越长，磨得越细，这些难磨的粒子就越多。一般是对于非均质矿石，球磨机的相对生产率随着磨矿产品粒度的变细而下降；对于均质矿石，球磨机的相对生产率随着磨矿产品粒度的变细而提高。

b 球磨机结构和转速的影响

（1）球磨机规格的影响。当相同类型的球磨机长度相同而直径不同时，单位容积生产能力和比功耗不相同。大直径球磨机的单位生产率比小直径的高，而比功率则是小直径的球磨机高。球磨机的长径比（L/D）对球磨机的生产率也有影响。球磨机筒体长，物料从给入到排出所需的时间长，即物料被磨时间长，从而影响到磨矿产品的粒度。故产品粒度要求较细、矿石又好磨时，宜选用筒体短的球磨机；矿石难磨、产品粒度要求又较细时，宜选用筒体较长的球磨机。目前，国内球磨机的 L/D 在 0.78~2 之间。

（2）衬板类型的影响。衬板的几何形状和排列方式不同，对球磨机的生产率、功耗、钢球消耗等发生影响。一般使用平滑衬板球磨机的生产率常比不平滑衬板球磨机的小，单位产品功耗高，钢球消耗也较高。因为平滑衬板易与钢球产生相对滑动，球磨机需要较高的转速等。衬板厚时，将减小球磨机的工作容积，生产率也会下降。衬板磨损后，球磨机的有效直径加大，使钢球充填率降低，若不补加些钢球，生产率也会降低。

（3）球磨机转速的影响。球磨机的转速决定钢球的运动状态、提升高度或下落高度、钢球的自旋速度等。因此，当其他条件不变时，球磨机转速对自身的工作效率存在着直接影响。转速较低，钢球下落高度小，自旋速度低，对矿石的冲击破碎能力和研磨能力都差，显然，磨矿效果就差。当转速较高时，产生离心，钢球完全失去了破碎能力。实践证明，在限定的条件下提高球磨机转速，可以提高磨矿效果，如使用光滑衬板，适当降低钢球充填率等。

对于光滑衬板来说，钢球随筒体上升的时候，要产生与筒体旋转方向相反的滑动，钢球与筒壁之间存在着速度差。在未离心以前，转速越高，这个速度差就越大，这样在外层钢球与衬板之间形成很强烈的研磨区，对矿石发生强烈的磨碎作用。球磨机转速加快时，钢球的下落高度和水平分速度都加大，钢球获得的动量增加，增强了钢球的冲击破碎能力。但是，球磨机转速提高后，排料速度加快，分级机的负荷增大，要相应提高分级机的生产率和分级效率。同时，钢球和衬板的消耗量也增加，球磨机的振动加剧。目前认为低转速较好。

c　操作条件的影响

（1）装球制度的影响。装球制度主要指的是钢球充填率、钢球直径的配比和合理补加等方面对球磨机生产率的影响。当钢球充填率、密度、硬度、形状等不变时，钢球直径的大小对球磨机生产率和功耗的影响起主导作用。钢球直径大，下落时对矿石的冲击破碎大，对大块的矿石粉碎效果好。但大球过多，装球数就要少，磨机每转一周钢球对矿石的打击次数就相应地减少。钢球直径小时，可装入的数目多，单位时间内钢球对矿石的打击次数多，但冲击力较小。所以，应大小直径的钢球搭配使用。

当其他条件不变时，钢球充填率高，钢球数量多，可增强磨矿作用。但是，球磨机的最适宜转速率与钢球充填率有关，充填率高时，其转速率相应要低一些，否则容易产生离心，转速下降，磨矿作用随之减弱。另外，钢球充填过多时，球磨机装料的有效容积会有所减小，因此给矿量要减少，生产率就下降。

（2）钢球密度与形状的影响。在其他条件相同时，球磨机的生产率随着钢球密度的增加而提高。这是由于大密度的钢球，在相同条件下工作时，冲击作用、磨剥作用要比相同尺寸的小密度钢球强得多。同时，由于密度大，钢球的尺寸可以相应减小而增加个数，这样就增加了单位时间内对矿石的打击次数。另外，在装球数不变的情况下，大密度钢球由于可以缩小规格，它的充填率可以比小密度钢球的低一些，此时，球磨机装载物料的有效容积相应地增大，可以提高给矿量，增加球磨机的生产率。同时，钢球在磨矿时碰撞为点接触，磨矿效率高，宜于细磨，但过粉碎现象严重。

（3）循环负荷的影响。在球磨机与分级机构成的闭路磨矿中，必然存在循环负荷。为保证球磨机的排料有稳定的浓度和粒度，球磨机的总给矿（原矿+返料）应保证稳定，并接近一个常数。当总给矿量接近或者达到球磨机的最大处理能力时，再增加原矿就必须相应地降低循环负荷率，使分级溢流跑粗，否则就会引起胀肚。降低原矿量，增大返砂比，则分级溢流粒度就会变细。

所以为确保球磨机排料质量，原矿和返砂比之间，有一高必有一低，因此要提高球磨机的生产率和排料的粒度合格率，就要提高分级机的分级效率。分级效率越高，返砂中含合格粒度就越少，过磨现象越轻，因此磨矿效率也越高。据测定，如果分级效率从50%提高到80%，球磨机的处理能力能提高25%左右，电耗能下降20%左右。

（4）给矿速度的影响。给矿速度指的是单位时间内通过球磨机的矿石量。在其他条件不变时，要提高给矿速度，必然要降低入磨矿石粒度或分级机的返料量，否则因给入的矿石量超过了球磨机的处理能力，将发生胀肚或磨不细。当给矿速度很低时，磨机内矿量少，不但球磨机生产率低而且形成空磨，结果是一方面造成过粉碎，另一方面造成衬板和钢球的无功消耗，比功率也将增高。如果给矿速度过高，超过了磨矿机的处理能力，就会发生吐球、吐大块矿石和涌出粉料的情况。所以，为了使球磨机进行高效率工作，应该维持充分高的给矿速度，以保证球磨机内有足够量的待磨矿石。

2.3.1.2　球磨机工作原理

物料通过空心轴颈进入空心圆筒进行磨碎，圆筒内装有各种直径的磨矿介质（钢球、钢棒等）。当圆筒绕水平轴线以一定的转速回转时，装在筒内的磨矿介质和物料在离心力和摩擦力的作用下，随着筒体达到一定的高度，当自身的重力大于离心力时，便脱离筒体内壁抛射下落，依靠冲击力击碎矿石。而且在球磨机转动过程中，磨矿介质相互间的滑动运动对物料也产生研磨作用。磨碎后的物料通过空心轴颈排出。

2.3.1.3 熔剂制备球磨机工艺流程

金川镍闪速炉系统熔剂制备采用了球磨机工艺。外购块状石英石通过皮带输送到块状石英石仓，经圆盘给料机由给料皮带加入到球磨机进行磨碎；粉状石英石通过气流管和斗式提升机进入选粉机，粒度合格的石英石粉经过旋涡收尘器和布袋收尘器进行收集后进入粉状石英石仓，再通过仓式泵气力吹送到闪速炉石英粉仓。具体工艺流程如图 2-2 所示。

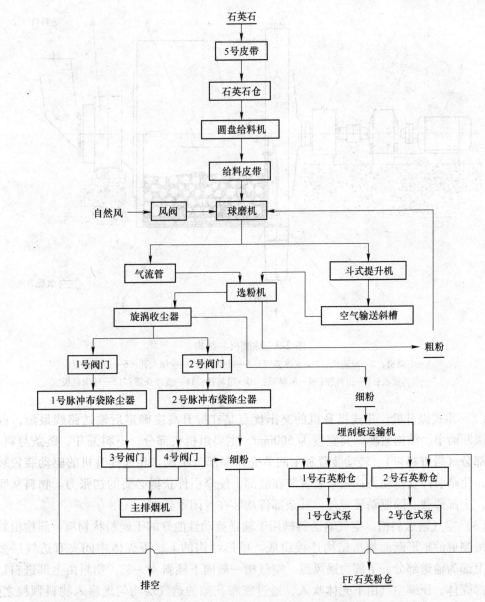

图 2-2 金川公司熔剂制备球磨机工艺流程

2.3.1.4　金川公司熔剂制备球磨机系统主要设备构成

金川公司熔剂制备球磨机系统主要设备有球磨机、选粉机、斗式提升机、空气输送斜槽、旋涡收尘器和布袋收尘器等。

（1）球磨机。MQH270/600型烘干式球磨机是矿石粉磨及烘干的主要设备，其烘干段筒体规格为 $\phi2600mm×1500mm$，磨矿段筒体规格为 $\phi2700mm×6000mm$，筒体转速为 25r/min。本磨机主要由给料部、烘干部、主轴承部、进料部、筒体部、传动部、连接轴部、中间部、卸料部等主要部件和联轴器进料端液压站、出料端液压站、电气部等辅助部分组成。球磨机的结构如图2-3所示。

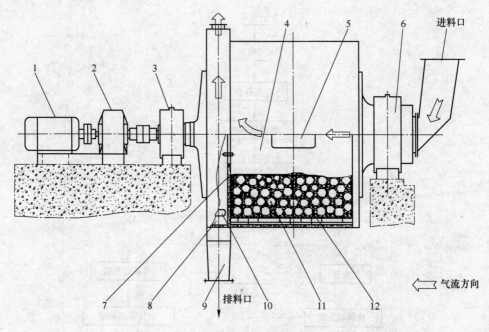

图 2-3　球磨机的结构

1—电动机；2—减速机；3—支撑装置；4—破碎腔；5—检修人孔；6—进料装置；
7—出料篦板；8—出料腔；9—集料罩；10—甩料孔；11—破碎介质；12—环沟衬板

（2）斗式提升机。斗式提升机的突出优点是在提升高度确定后输送路线最短，占地少，横断面小，结构紧凑。其宽度为 500mm，主要由机头部分、下料漏斗、链条与料斗、机尾部分（带进料口）、转动装置和中间节壳体等部分组成。斗式提升机的驱动装置装在上部，使牵引件获得动力；张紧装置装在底部，使牵引件获得必要的初张力。物料从底部装载，上部卸载。除驱动装置外，其余部件均装在封闭罩壳内。

（3）空气输送斜槽。空气输送斜槽用于输送流动性能好的干燥粉状物料。斜槽由数个薄钢板制成的矩形断面槽形结构连接组成。槽形结构的上、下壳体中间夹有透气层多孔板，上部为输送部分，下部为通风道。空气槽一般向下倾斜 4°~8°，物料由上部进料口加入上部壳体，压缩空气由下壳体吹入，通过密布孔隙的透气层均匀地渗入物料颗粒之间，使物料层流态化，在重力的作用下沿斜槽移运。空气输送斜槽规格为 6804-SM，槽宽为400mm。

（4）选粉机。选粉机主要用来分离粉料，选出的粗粉返回球磨机进行细磨，细粉则输送到石英粉仓。它主要由动力驱动装置、回转部分、润滑系统和电控部分组成。

（5）仓式输送泵。NCD5.0仓式泵是充气罐式气力输送装置的一种，用于压送式气力输送系统中。仓式泵工作时以压缩空气为动力，泵体内的粉状物料与充入的压缩空气相混合，形成似流体状的气固混合物，借助泵体内外的压力差实现混合物的流动，经输送管输送至储料仓。仓式泵（为上引式仓泵）主要由泵体、气动进料阀、气动出料球阀、排气阀、安全阀、料位计（或称重模块）、若干管道部件及各类一、二次仪表等组成。

（6）脉冲袋式收尘器。FMQDⅡⅠ96-9气箱式脉冲袋式收尘器本体分割成9个箱区，每箱有96条布袋，并在每箱侧边出口管道上有一个气缸带动的提升阀。当除尘器运行达到预定时间后或阻力达到预设定值时，清灰控制器就发出信号，第一个箱室的提升阀就开始关闭以切断过滤气流，然后这个箱的电磁阀（每箱一个）开启，压力为0.5MPa的压缩空气涌入以清灰滤袋上的粉尘。当这个动作完成后（2~15s），出口管上的提升阀就重新打开，这个箱室重新进行过滤工作，并逐一按上述要求进行至全部清灰完毕。

金川公司熔剂制备球磨机系统主要设备及规格见表2-2。

表2-2 金川公司熔剂制备球磨机系统主要设备及规格

序号	设备名称	规 格 型 号	数量
1	吊式圆盘给料机	型号：DB5317-1300，圆盘直径：1300mm，给料量：26.7t/h，圆盘转速：1.6~6.5r/min； 附电动机型号：Y135-6，功率：3kW	1
2	皮带秤	宽度：650mm，长度：6.65m	1
3	烘干式球磨机	型号：MQH270/600，处理能力：25t/h； 附电动机型号：TM800-36，功率：800kW； 附减速机速比：8.17； 附高压泵电动机型号：Y112M-6； 附低压泵电动机型号：Y160L$_2$-4-B$_3$	1
4	斗式提升机	型号：B500Ⅱ，提升高度：32m，处理能力：180t/h； 附电动机型号：Y280S-6，功率：45kW； 附减速机型号：ZS125-Ⅲ，速比：3.13	1
5	空气输送斜槽	型号：6804-SM，输送长度：18.805m； 附离心通风机型号：9-19No5A，流量：1610m³/h，全压：5753Pa； 风机电动机型号：Y132S$_2$-2，功率：7.5kW	1
6	选粉机	型号：N-750，产量：27~54t/h，最大喂料量：135t/h，选粉风量：750m³/min； 附电动机型号：Y200L-4，功率：30kW	1
7	旋涡收尘器	直径：4000mm	1
8	旋涡收尘器	直径：3200mm	1
9	气箱式脉冲袋式收尘器	型号：FMQDⅡⅠ96-9，处理风量：60000m³/h，过滤面积：864m³，滤袋材质：PTFE覆膜涤纶针刺毡，出口含尘浓度：小于10mg/m³	2
10	刚性叶轮给料机1	型号：400mm×400mm； 附电动机型号：Y100L$_1$-4，功率：3.8kW	2

序号	设备名称	规　格　型　号	数量
11	刚性叶轮给料机 2	型号：300mm×300mm； 附电动机型号：JCH561，功率：1kW	3
12	埋刮板运输机	型号：490mm×28800mm； 附电动机型号：Y200L-6，功率：18.5kW	1
13	仓式输送泵	型号：NCD5.0，输送量：20t/h	2
14	移动式空压机	型号：W-0.8/10-A，流量：0.6m³/min，全压：0.1MPa； 附电动机功率：5.5kW	2
15	离心通风机	型号：M7-29No17，流量：44000m³/h，全压：11760Pa	1

2.3.1.5　熔剂制备球磨机系统生产工艺控制

熔剂加工过程中，石英的成分不发生变化，而其水分、粒度随工艺参数的波动发生变化。故生产中通常用控制一旋入口负压、球磨机给矿量以及给矿水分等因素来控制最终石英粉含水和石英粉粒度。

（1）影响石英粉水分的主要因素。

1）给矿水分含量；

2）块石英处理量；

3）球磨机产生的热功率；

4）系统漏风率；

5）系统散热。

（2）影响石英粉粒度的主要因素。

1）主排烟机转速；

2）系统漏风量；

3）钢球充填率；

4）钢球配比。

2.3.1.6　熔剂制备球磨机系统常见故障及其处理措施

熔剂加工系统常见故障主要有球磨机单位产率过低、筒体螺栓处漏料、主轴承温度过高、球磨机闷磨、球磨机内的声响减弱或增强、球磨机突然发生强烈振动或撞击声等。

（1）球磨机单位产率过低。球磨机产率过低的原因有：给料机堵塞或磨损；供给矿石不足；入磨物料的粒度组成和易碎性有变动；钢球磨损过多；球磨机内通风不良或箅板孔被堵。

处理措施为：根据生产情况进行检查和工艺控制参数调整；检查给料器有无磨损和堵塞；更换球磨机密封圈；调整物料的给料量；补充钢球量；清扫通风管道及箅板孔。

（2）筒体螺栓处漏料。球磨机筒体螺栓漏料故障主要是由于球磨机衬板螺栓松动、筒体螺栓密封垫圈磨损以及球磨机衬板螺栓等原因所造成。

处理措施为：检查螺栓密封情况，若是由于磨机衬板螺栓松动或筒体螺栓密封垫圈磨损造成，拧紧螺栓或更换密封圈；检查球磨机衬板和螺栓的磨损情况，若是由于衬板和螺栓磨损严重造成，更换衬板或螺栓。

（3）主轴承温度过高。造成主轴承温度过高的原因主要有：供给主轴承的润滑油量少，油压不够，供油中断或矿石落入轴承；主轴承位置不正；筒体和轴瓦不同轴；轴颈与轴瓦接触不良。

处理措施有：调整油量油压或立即停磨清洗轴承或更换润滑油；修理轴颈、刮研轴瓦或调整轴承位置；修正筒体和轴；更换润滑油或调整油的黏度；增加供水量或降低水温。

（4）球磨机闷磨故障。球磨机闷磨主要是由于给料过多、返料量过多或磨机排料不及时造成的。当球磨机工发现闷磨的故障时，应及时通知控制室将圆盘转速调至"0"，停止加料；检查球磨机头、尾部是否有冒料，并监听球磨机内的声音；负责观察系统负压的波动情况；当球磨机工认为磨已不闷时，按正常操作组织进料。

（5）球磨机内的声响减弱。球磨机内的声响减弱的主要原因是给料过多、物料水分过大、物料黏附在钢球或筒体表面上、给料量大于排出量、球磨机开始胀肚。当出现球磨机内声响减弱的现象时，应停止加料、加大风量。

（6）球磨机内的声响增强。球磨机内的声响增强的主要原因是给料太少，形成空磨，钢球直接打击衬板或钢球间相互打击；钢球配比不当，大球过多；或者是衬板脱落。

出现球磨机内声响增强的现象时，应增加给料量，重新调整钢球配比，减少大球比例。

（7）球磨机突然发生强烈振动和撞击声。造成球磨机突然发生强烈振动和撞击声的主要原因有：两齿轮啮合间隙混入铁杂物；小齿轮串轴；齿轮打坏；轴承或地脚螺栓松动。

发现球磨机突然发生强烈振动和撞击声时，应紧急停球磨机，并停止加料。检查两齿轮间隙，清除齿轮间的铁杂物，并修整齿面。检查齿轮、轴承、箱壳，若齿与轴的间隙不是太大，可在轴上滚花或打点；如果间隙很大或轴损伤较重，可堆焊后用车床加工或加套；如果齿轮箱壳已撞破，应更换或用环氧树脂黏合。检查、调整或更换齿轮，紧固地脚螺栓。

2.3.2 熔剂制备立式磨工艺

立式磨是一种理想的大型粉磨设备，广泛应用于冶金、水泥、电力、化工等行业。它集破碎、干燥、粉磨、分级输送于一体，生产效率高，可将块状、颗粒状及粉状原料磨成所要求的粉状物料。

2.3.2.1 球磨机磨矿基本理论

（1）研磨压力。立式磨是靠磨辊对物料的碾压作用将物料粉磨成细粉的。研磨压力的大小，直接影响磨机的产量和设备的性能。若压力太小，则不能压碎物料，粉磨效率低，产量小，吐渣量也大。若压力大，则产量高，主电机功率消耗也增大。因此，研磨压力是立磨非常重要的参数之一。确定其大小时，既要考虑粉磨的物料性能，又要考虑单位产品电耗、磨耗等诸多因素。根据有关设计经验，立式磨研磨压力计算公式为：

$$F = F_R + F_H$$

$$F_R = \frac{9.18M_R}{1000}$$

$$F_H = 1000 \times \frac{\pi}{4} \times p(D_1^2 - D_2^2)$$

式中　　F ——研磨压力，kN；

F_R ——辊研力，kN；

F_H ——液压研力，kN；

M_R ——磨辊装配重量（单磨辊），kg；

p ——液压压强，MPa；

D_1 ——液压缸直径，m；

D_2 ——液压活塞直径，m。

（2）喷口环通风面积。喷口环通风面积是指沿气流的正交方向的有效通风截面。喷口环通风面积与物料吐渣量、风速、通风设备的功耗有直接关系。喷口环通风面积越小，则吐渣量越少、风速越大、风机功耗越大。反之亦然。

（3）选粉装置导向（固定）叶片倾角。导向叶片的倾角越大，风速越大，气流进入选粉装置内产生的旋流越强烈，越有利于物料粗细颗粒的有效分离。调整导向叶片倾角是粒度调整的辅助措施，其倾角越大，通风阻力也越大。应注意叶片倾斜方向应顺着进入选粉装置的气流旋向。

（4）料层厚度。立磨是料床粉碎设备，在设备已定型的条件下，粉碎效果取决于物料的易磨性、施加的拉紧力和承受这些挤压力的物料量。

拉紧力的调整范围是有限的，如果物料难磨，新生单位表面积消耗能量较大，此时若料层较厚，吸收这些能量的物料量增多，造成粉碎过程产生的粗粉多而达到细度要求的减少，致使产量低、能耗高、循环负荷大、压差不易控制，从而工况恶化。因此，在物料难磨的情况下，应适当减薄料层厚度，以增加挤压后物料中合格颗粒的比例。反之，如果物料易磨，较厚的料层也能产生大量的合格颗粒时，应适当加厚料层，以提高产量，否则会产生过粉碎和能源浪费。

2.3.2.2　立式磨工作原理

电动机通过减速机带动磨盘转动，同时热风从进风口进入磨内，物料从下料口落在磨盘中央。由于离心力的作用，物料向磨盘边缘移动，经过磨盘上的环形槽时受到磨辊的碾压而粉碎，然后继续向磨盘边缘移动，直到被风环处的气流带起，大颗粒直接落回到磨盘上重新粉磨。气流中的物料经过分离器时，在导向叶子和转子的作用下，粗料从锥斗落到磨盘上，细粉随气流一起出磨，在系统的收尘装置中收集，即为产品。物料在与气体接触的过程中被烘干，达到所要求的产品水分。通过调节导风叶片的角度和分离器转子转速，便可得到不同粒度的产品。

2.3.2.3　熔剂制备立式磨工艺流程

金川公司铜合成炉系统熔剂制备采用立式磨工艺。储存于熔剂料场的块状石英石由抓斗桥式起重机抓入给料仓内，通过皮带输送机进行输送，皮带输送机头部配有卸料小车，可将不同粒度的块状石英石分别输送到各自的配料仓储存，再通过定量给料机进行配比和计量后，由大倾角胶带输送机和回转锁风喂料机配合加入立式磨，进行磨制及筛选。同时通入粉煤燃烧室产生的 250~300℃ 的热烟气，石英石在粉磨的同时进行干燥。较大的颗粒从排渣口排出，经斗式提升机重新加入立式磨进行磨制。分离器选出的合格石英石粉随烟气送入脉冲袋式收尘器进行收集，收下的石英石粉再由仓式泵吹送到合成炉炉顶的石英粉仓，净化后的烟气通过烟囱排空。具体工艺流程如图 2-4 所示。

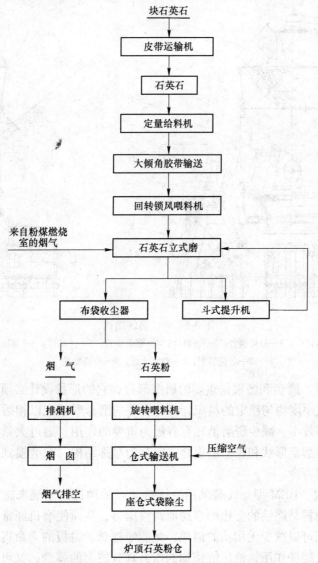

图 2-4　金川公司熔剂制备立式磨工艺流程

2.3.2.4　金川公司熔剂制备立式磨系统主要设备构成

金川公司熔剂制备立式磨系统主要由 HRM 型立式磨、布袋收尘器及仓式泵等设备组成。

A 立式磨

立式磨是该系统的核心设备，金川公司熔剂制备系统采用 HRM1900X 型立式磨。其磨盘直径为 1900mm，磨辊直径为 1500mm，分离器直径为 2700mm。立式磨主要包括碾磨装置、加压装置、限位装置、分离装置、磨辊装置等。立式磨的结构如图 2-5 所示。

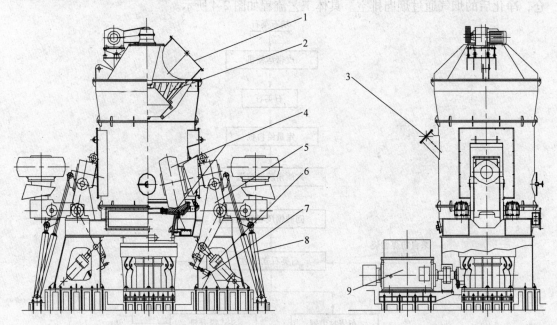

图 2-5 立式磨的结构

1—出料口；2—分离装置；3—进料口；4—碾磨装置；5—传动臂；6—加压装置；

7—限位装置；8—检修油缸；9—传动装置

（1）碾磨装置。磨盘和磨辊是重要的研磨部件，它的形状设计必须能使被粉磨的物料在磨盘上可以形成厚度均匀稳定的料床，因此合理的磨盘形状配以相适应的磨辊，对于稳定料层、提高粉磨效率、减少研磨消耗有着极为重要的作用。通过大量的调研和类比，金川公司采用盘形的磨盘形状和轮胎形辊套，辊套为对称结构，在磨损到一定程度后可翻面使用，延长其使用寿命。

（2）加压装置。HRM 型立式磨采用液压自动或手动控制系统来施加其对物料的作用力，并可以根据物料易磨性的变化而自动地调整压力，从而使磨机经常保持在最经济条件下运行。这样，既可以减少无用功的消耗，又能使辊套、衬板的寿命得到延长。同时，由于蓄能器的保压及缓冲作用，液压缸施加的压力具有较大的弹性，又可自动调节，当遇到大而坚硬的杂物时，磨辊可以跳起，从而避免粉磨部件及传动装置因承受过大载荷而损坏。

（3）限位装置。HRM 型立式磨独特的限位装置可以使磨机轻载启动、磨辊和磨盘之间的间隙可调，这样既能保持稳定的料层厚度，提高粉磨效率，又能保证在断料等非正常情况下磨辊和磨盘不直接接触，避免磨机振动，对减速机起到保护作用。

（4）分离装置。HRM 型立式磨的分离器为机械传动、转速可调的分离器。该分离器通过锥形转子高速回转，叶片与粗颗粒撞击，给物料以较大的圆周速度，产生较大的离心力，使其进行分离，细颗粒可通过分离器叶片之间间隙出磨，由收尘器进行收集。该分离器分级效率高，调节余地大。

（5）磨辊装置。磨辊装置是一对调心滚子轴承，设计时对轴承作等寿命计算。轴承密封腔延伸到机壳外，不与含尘气体接触，所以只用简单的填料密封就能使磨辊轴承不进灰。磨辊设计为斜面安装，楔形环压紧，更换辊套十分方便。

熔剂制备系统立式磨主要规格参数见表 2-3。

表 2-3 立式磨主要技术参数

项 目	单 位	技 术 参 数
立式磨型号		HRM1900
磨盘直径	mm	1900
磨辊直径	mm	1500
磨盘转速	r/min	39.0
磨辊数量	个	2
附：主电动机		型号 YRKK500-6，功率 500kW
附：主减速机		型号 ML40 型
附：润滑装置		型号 XRZ-200，供油量 200L/min
附：油泵电机功率	kW	2×5.5
附：电加热器功率	kW	3×6
附：分离器		分离器转子转速 30~200r/min
附：分离器电动机		型号 YVP250M-4，功率 55kW
附：分离器减速机		型号 FL30，速比 4.07
附：液压装置		型号 YA19
附：液压泵电动机功率	kW	5.5
立式磨外形尺寸	mm	4700（长）×4450（宽）×8840（高）
设备总重	kg	107000

B 布袋收尘器

布袋除尘器选用 FGM 型气箱脉冲袋收尘器。FGM 气箱脉冲袋收尘器集喷吹脉冲和分室反吹等诸类袋收尘器的优点，在无预收尘设备且收尘装备投资不增加的情况下，能一次性处理含尘浓度高达 $1000g/(m^3 \cdot h)$（标态）的烟尘，确保排放达标。

布袋收尘器主要由壳体、滤袋、笼骨、压缩空气处理装置、脉冲电磁阀、脉冲控制仪、提升阀（含气动元件）、电控系统等部分组成。滤袋采用防水、防油和防静电材质（$500g/m^2$ 涤纶针刺毡）。

布袋收尘器的主要技术参数见表 2-4。

表 2-4　布袋收尘器的主要技术参数

项　目	单　位	技 术 参 数
型号		FGM1970
处理风量	m^3/h	65000
入口含尘浓度（标态）	g/m^3	1000
出口含尘浓度（标态）	mg/m^3	≤50
收尘效率	%	>99.9
过滤风速	m/min	≤0.55
总过滤面积	m^2	1970
室数	个	10
排数	个	1
每室袋数	条	128
总袋数	条	1280
运行阻力	Pa	1500~1700

C　仓式泵

石英粉输送均采用正压流态化仓式泵（NCD5.0 型）输送，仓式泵主要由泵体和辅件组成。其主要技术参数见表 2-5。

表 2-5　仓式泵主要技术参数

项　目	规格型号	单位	数量	材　料	备　注
手动双侧插板门	TZ400×400	台	1	Q235-A	
旋转喂料机	TG100	台	1	铸钢	380V，4kW
仓式泵	NCD5.0D	套	1	16MnR，Q235-C	34t/(h·套)
排堵装置	DN100	套	1	铸钢（WCB）	
PLC 控制柜	CB-1	套	1	PLC 西门子 S7 系列	

2.3.2.5　熔剂制备立式磨系统生产工艺控制

（1）给料量的控制。熔剂制备处理的是两种粒度的块石英，两种块石英的加入量成一定的比例，两台定量给料机同时作业。由操作人员在计算机（或现场）设定一台定量给料机的给料量后，计算机按比例核算后自动调节另一台定量给料机的给料量，保持稳定的给料量。也可两台同时手动设定。

（2）立式磨的分离器转速控制。生产中调整立式磨分离器的转子转速，可以获得不同粒度的产品，转子转速越高产品越细，反之产品则越粗。分离器电动机采用变频调速电动机，电动机的转速调整范围为 130~1250r/min。根据块石英的处理量和石英粉的粒度要求，在计算机上手动设定分离器的转速，计算机自动跟踪调节。立式磨转速与石英粉粒度之间的对应关系需与厂家结合并经过生产实践确定。

（3）立式磨入口烟气温度的控制。熔剂制备生产中是否需要通入热烟气，应根据入磨物料的水分大小决定。若不需要通入热烟气，则在计算机（或现场）手动关闭磨机热风管上的阀门；若需要通入热烟气时，则根据磨机出口温度的变化，在计算机上手动或自动调整立式磨热风管入口处的冷风调节阀开度，使磨机入口温度控制在 250~300℃。

（4）立式磨出口烟气温度的控制。立式磨出口温度正常控制在 80~90℃ 范围内。控制磨机出口温度不仅可控制石英粉的水分，而且可防止布袋收尘器结露。由操作人员根据立式磨出口温度的变化，在计算机手动或自动调节定量给料机的给料量或是调整立式磨热风管入口处的冷风调节阀开度，控制磨机出口温度在 80~90℃。

（5）立式磨出口压力的控制。熔剂制备采用负压操作，其物料输送、分级、烘干均需大量的热风。风量首先应满足输送物料的要求，风量过小会造成大量合格细粉不能被及时输送出去；风量过大不仅造成浪费，还会造成产品跑粗。生产中主要通过控制磨机出口压力来控制风量大小。由操作人员根据立式磨出口压力的变化，在计算机手动或自动调节定量给料机的给料量或是主排烟机的进口流量调节装置，控制立式磨的出口压力在 -7000~ -6000Pa。

2.3.2.6　熔剂制备立式磨系统主要故障及其处理措施

（1）磨机振动原因及处理措施。

1）测振元件失灵。操作各程序和各参数都正常，而且现场并没有感觉到振动，可能测振元件松动失灵造成的假振打。

处理措施为：检查拧紧松动测振元件。

2）辊皮松动和衬板松动。

辊皮松动时振动很有规律，因为磨辊直径比磨盘直径小，所以表现出磨盘转动不到一周，振动便出现一次，再加上现场声音辨认，便可判断某一辊出现辊皮松动。

衬板松动，一般表现出振动连续不断，现场感觉到磨盘每转动一周便出现几次振动。

处理措施为：当发现辊皮和衬板有松动时，必须立即停磨，进磨详细检查，并要专业人员指导处理。若不及时处理，当其脱落时，必将造成非常严重事故。

3）液压站 N_2 囊的预加压力不平衡，过高或过低。当 N_2 囊不平衡时，各拉杆的缓冲力不同，使磨机产生振动。

处理措施为：每个 N_2 囊的预加载压力要严格按设定值给定，并定时检查，防止其漏油、漏气，压力不正常。

4）喂料量过大、过小或不稳。若磨机喂料量过大，造成磨内物料过多，磨机工况发生恶变，很容易瞬间振动跳停。若喂料量过小，则磨内物料太少，料层薄。磨盘与磨辊之间物料缓冲能力不足，易产生振动。若喂料不平稳，则磨内工况紊乱，磨机易振动。

处理措施为：调整喂料量，确保磨机喂料量的平稳有序。

5）系统风量不足或不稳。高温风机过来的风量波动，同时也伴随风温变化，使磨工况不稳，易产生振动。

处理措施为：通过冷风和循环风挡板的调整，保证磨入口负压稳定，并保持磨机的温度稳定，使磨机工作正常。

6）研磨压力过高或过低。研磨压力过高，就会产生研磨能力大于物料变成成品所需要的能力，造成磨振动。相反压力过低，造成磨内物料过多，产生大的振动。

处理措施为：找准并保持适当的研磨压力。

7）选粉机转速过高。选粉机转速过大，易产生过粉磨，使磨内细粉增多。过多的细粉不能形成结实的料床，磨辊"吃"料较深，易产生振动。

处理措施为：根据实际生产情况，合理调整选粉机的转速。

8）入磨温度骤然变得过高或过低。当高温风机出口温度发生变化，磨机工况也会发生变化。入磨温度过高，则磨盘上料床不易形成；入磨温度过低，则不能烘干物料，造成喷口环堵塞等，料床变厚使得磨机产生异常振动。

处理措施为：通过调整磨内喷水，增湿塔喷水，掺冷风、循环风，稳定磨机入口、出口的温度，稳定磨机工况。

9）喷口环堵塞严重。当入磨物料十分潮湿、掺有大块、风量不足、喂料过多、风速不稳等都会产生喷口环堵塞。堵塞严重时，磨盘四周风速、风量都不均匀，磨盘上料床也就不平整，产生大的振动。

处理措施为：需要停磨清理，再次开磨时要注意减少大块入磨，增加风量，减少喂料，同时保持磨工况稳定，防止喷口环堵塞。

10）入磨锁风阀影响。当锁风阀堵塞，无物料入磨，造成空磨因而会产生大的振动。当锁风阀漏风，从喷口环通过的风量减少，从而影响料床平整，也产生振动。

处理措施为：检查清理锁风阀，保证其锁风效果。

11）磨内有异物或大块。磨内部件松动脱落或加入其他大块，引起磨机振动。

处理措施为：定期检查磨机，发现磨内有异物和大块时，应及时停磨取出。

（2）立磨粒度跑粗原因及处理措施。

1）选粉机转速调整不当。应调整选粉机转速，跑粗时则增加转速。

2）通风量过大。应根据实际生产情况，合理调整风机负荷，减小系统风量。

3）研磨压力小。一般开磨时压力设定较小，随着产量上升，必须逐渐加压，否则因为破碎和碾磨的能力不足，而产生跑粗现象。

处理措施为：根据磨机运行状况，适当调高磨机研磨压力。

4）温度影响。磨机出口温度快速上升，或保持较高的温度，出磨物料也可能跑粗。因为温度上升的过程中，磨内流体速度和磨内物料的内能改变，增加细料做布朗运动，出现偏大的物料被带出磨体。

处理措施为：调节磨内喷水量，在风量允许的情况下，可掺循环风或冷风。

5）喂料不稳或过多。喂料不稳使磨内工况紊乱，风速、风量波动，造成间断跑粗。

处理措施为：稳定入磨物料量，或适量降低产量。

6）入磨物料易磨性差。应根据实际生产情况，适当调高研磨压力或适量降低产量。

7）设备磨损严重。磨机长时间运转后，选粉装置叶片、磨辊辊皮、磨盘衬板、喷口环等都会出现不同程度的磨损，这种磨损可导致磨机细度跑粗。

处理措施为：定期检查，及时检修更换磨损部件。

粉 煤 制 备

3.1 粉煤制备目的和意义

3.1.1 燃料分类

燃料有固体、液体和气体三种。固体和液体燃料都是由有机物和无机物组成的；气体燃料主要由简单的碳氢化合物或单质混合物组成。碳是固、液燃料中的最主要的热能来源。

粉煤作为燃料，有以下几个优点：

(1) 燃料与空气混合接触的条件好，可以在较小的空气消耗系数时，得到完全燃烧。

(2) 可以利用各种劣质煤和煤末。

(3) 二次空气可以预热到较高温度，得到较高的燃烧温度，燃烧装置简单，燃烧过程容易控制和调节。

3.1.2 煤的性质

煤是一种固体燃料，它主要是由碳、氮、硫、水、挥发分及灰分等组成，其主要热源是碳。碳在燃烧时与空气中的氧气发生反应产生 CO_2，其反应方程式为：

$$C + O_2 = CO_2$$

煤工业分析时，通常分析固定碳、挥发分、灰分、水分和发热量。固定碳含量越高，煤的发热量越大；挥发分含量越高，煤越容易点燃，但也不能过高，否则会发生粉煤爆炸事故；水分含量高，不但输送粉煤困难，下煤不畅，而且不利于粉煤的燃烧。为此对煤质有下列要求：

(1) 化学成分：固定碳 55%~60%、挥发分 25%~30%、灰分小于 15%、发热值 6000~6300kcal/kg。

(2) 原煤：粒度小于 12mm、水分小于 8%。

(3) 粉煤：粒度 -74μm 不小于 85%、水分不大于 1%、堆密度 1000kg/m³。

3.1.3 粉煤制备目的

粉煤制备的主要任务就是将含水小于 8%、粒度小于 12mm 的原煤，经过磨机进行磨碎、烘干，产出含水不大于 1%、粒度 -200 目（0.074mm）不小于 85% 的粉煤供给系统生产使用。

原煤经过粉煤制备系统后，粒度变小，比表面积增大，在与空气接触时，能充分燃烧，提高了原煤的利用率。

3.2　粉煤制备工艺

冶炼行业粉煤制备主要工艺有球磨机工艺和立式磨工艺两种。

3.2.1　球磨机工艺

3.2.1.1　球磨机工作原理

粉煤制备球磨机的工作原理与上述熔剂制备球磨机的工作原理相同，在此不再描述。

3.2.1.2　粉煤制备球磨机工艺流程

金川公司闪速炉系统粉煤制备采用球磨机工艺。原煤经过圆盘给料机进入球磨机，在球磨机里被磨细，并由来自加热炉的热风对其进行烘干。被磨细烘干后的粉煤在气流的带动下，进入选粉机，在其中进行粗细粉分离。粗粉返回球磨机进行二次研磨，细粉则被细粉分离器、六筒旋涡收尘器和扁布袋收尘器等设备收集下来，成为合格的粉煤，由仓式型泵输送供给各使用点使用。具体工艺流程如图 3-1 所示。

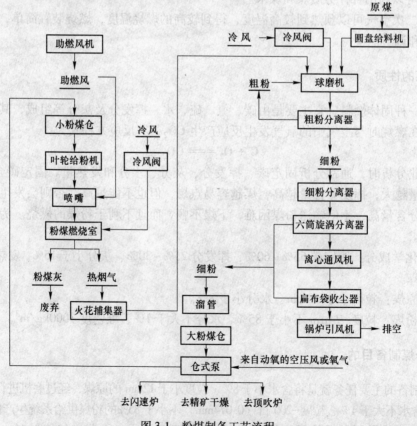

图 3-1　粉煤制备工艺流程

3.2.1.3　金川公司粉煤制备球磨机系统主要设备构成

金川公司粉煤制备球磨机系统主要由球磨机、粗粉分离器、选粉机、细粉分离器、六筒旋涡收尘器、扁布袋收尘器、煤粉离心通风机、锅炉引风机、加热炉、仓式泵等设备组成。系统主要设备规格型号见表3-1。

表3-1　粉煤制备球磨机系统主要设备规格型号

序号	名　称	数量	规　格　型　号
1	球磨机	1台	规格：φ2.5m×3.9m；筒体容积：19.14m³；筒体转数：20.77r/min；最大装球量：25t；生产能力：10t/h；设备外形尺寸：10363（长）mm×5540（宽）mm×4194（高）mm
2	稀油站	1台	型号：XYZ-63；供油能力：63L/min；公称压力：0.4kg/cm²；油箱容积：1m³
3	粗粉分离器	1台	型号：HG-CB2800
4	细粉分离器	1台	型号：HG-XBY1850
5	选粉机	1台	型号：MD500
6	六筒旋涡收尘器	1台	型号：CLT/A-6×650Ⅱ型
7	回转反吹扁布袋收尘器	1台	型号：240ZC400Ⅱ型；过滤面积：760m²；袋数：240条
8	煤粉离心通风机	1台	型号：JS126-4；附电动机功率：225kW；风量：36000m³/h；风压：10408Pa
9	锅炉离心引风机	1台	风量：44413m³/h；风压：2628Pa；附电动机型号：Y250M-4；功率：55kW
10	吊式圆盘给料机	1台	型号：DB5313；直径：φ1000mm；转数：7.5～10r/min；附电动机型号：Y160L-6；功率：15kW
11	仓式泵	1台	型号：NCD5.0；输送量：20t/h
12	助燃风机	1台	风量：2473 m³/h；风压：3773Pa；附电动机型号：Y132S1-2；功率：5.5kW

3.2.2　立式磨工艺

3.2.2.1　立式磨的工作原理

粉煤制备立式磨的工作原理与上述熔剂制备立式磨的工作原理相同，在此不再赘述。

3.2.2.2　粉煤制备立式磨的工艺流程

金川公司铜合成炉系统粉煤制备采用立式磨工艺。块煤由抓斗桥式起重机抓入给料仓，通过皮带输送机输送，定量给料机配比计量后，由大倾角胶带输送机和回转锁风喂料机配合加入立式磨进行磨制及筛选。同时通入粉煤燃烧室产生的热烟气，将煤在粉磨的同时进行干燥。较大的颗粒从排渣口排出，经斗式提升机重新加入立式磨进行磨制。分离器选出的合格粉煤随烟气送入脉冲袋式收尘器进行收集，收下的粉煤再由仓式泵吹送到合成炉粉煤仓，净化后的烟气通过烟囱排空。具体工艺流程如图 3-2 所示。

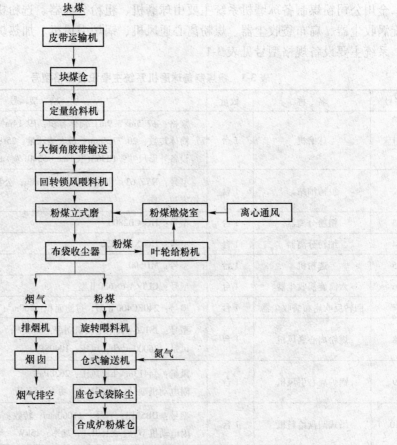

图 3-2　粉煤制备系统工艺流程

3.2.2.3　粉煤制备立式磨系统主要设备构成

金川公司粉煤制备立式磨系统主要由立式磨、布袋收尘器、仓式泵、斗式提升机等设备组成。其中斗式升降机和熔剂制备系统共用。系统主要设备规格型号见表 3-2。

表 3-2　粉煤制备立式磨系统主要设备规格型号

序号	名　称	数量	规　格　型　号
1	立式磨	1 台	立式磨型号：HRM1500M；磨盘转速：42.82r/min； 磨辊数量：2 个；主电动机型号：YKK400-6；功率：250kW； 液压装置型号：YA17；功率：5.5kW； 设备尺寸（长×宽×高）：6600mm×6000mm×7720mm
2	布袋收尘器	1 台	型号：FGM550M；处理风量：5000m³/h； 过滤面积：1586m³；总袋数：1280 条
3	仓式泵	1 台	型号：NCD5.0；输送能力：20t/h

返 料 破 碎

4.1 返料破碎概述

4.1.1 破碎的分类

按粒度划分，破碎分为粗碎、中碎和细碎。粉磨分为粗磨、细磨和超细磨。粗碎的给料粒度不大于 1500mm，产品粒度为 100~350mm。中碎的给料粒度为 150~350mm，产品粒度为 19~150mm。细碎的给料粒度为 19~150mm，产品粒度为 3.0~4.8mm。粗磨将物料磨至 0.1mm 左右。细磨将物料磨至 60μm 左右。超细磨将物料磨至 5μm 左右。

4.1.2 破碎设备的作用和选择

4.1.2.1 设备的破碎作用

(1) 锤式破碎机和反击式破碎机等，以冲击作用为主。
(2) 颚式破碎机、圆锥破碎机和辊式破碎机等，以挤压作用为主。
(3) 轮碾机和辊式磨机等，以挤压兼碾磨作用为主。
(4) 球磨机、棒磨机、振动磨机和喷射磨机等，以磨削兼撞击作用为主。

4.1.2.2 破碎设备选择

一般情况下，粗碎加工采用颚式破碎机、圆锥破碎机等；中碎加工采用圆锥破碎机、锤式破碎机、反击式破碎机等；细碎加工采用辊式破碎机等；粉磨加工采用球磨机、振动磨机、喷射式磨机等。但这也不是绝对的，有的机械既适合粗碎，也适合中碎。

4.1.3 返料破碎的目的

返料破碎主要处理冶炼系统的大块中间物料、炉渣和外购特富矿等。物料主要有大块包壳、大块烟尘、外来大块矿石、大修时各种炉底结块等。这些物料经过二级破碎后，将粒度达到入炉要求的细矿堆存在返料矿仓，再经过上料系统的皮带运输机输送到各个冶金炉炉顶的配料仓入炉配料。

返料破碎系统主要是为转炉、贫化电炉等提供合格的返料，以保证各冶金炉的正常生产。

4.2　返料破碎机理

返料破碎是有色冶炼系统生产的必要工序。破碎就是依靠外力（主要是机械力）克服固体物料内力而将其大块分裂成小块的过程。

物料在处理过程中，每经过一级破碎，都有一定程度的破碎并变小。破碎前后物料最大块直径之比，称为破碎比。各种固体物料都具有承受一定外力的机械强度。根据施加外力的性质，机械强度可分为抗压强度、抗折强度和抗拉强度等。破碎时，当施加的外力超过该物料的机械强度极限时就发生破裂。一般情况下，物料的机械强度越大越难破碎，所消耗的动力也越大。针对各种物料的机械强度及内部结构特征，可采用挤压、劈裂、折断、磨削和击碎等机械破碎方法，将物料破碎到要求的粒径大小。

4.3　返料破碎工艺流程

金川公司镍闪速炉系统返料破碎系统工艺流程如图 4-1 所示。

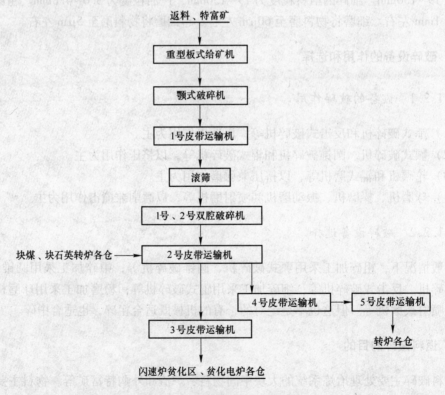

图 4-1　返料破碎系统工艺流程

粒径为 0~500mm 的返料经重型板式给矿机运至颚式破碎机进行粗破。破碎后的返料（粒径小于 100mm）经 1 号皮带运输机、滚筛运至双腔破碎机进行细碎。经细碎后的物料

（粒径小于40mm）被送至转炉返料仓。粒径为0~40mm的块煤、块石英石，不需要破碎，直接经2号皮带运输机送往闪速炉贫化区、贫化电炉和转炉相应的料仓。

4.4 金川公司返料破碎系统主要设备构成

金川公司返料破碎系统主要由板式给矿机、颚式破碎机、双腔回转式破碎机、胶带输送机等设备组成。

4.4.1 重型板式给矿机

4.4.1.1 重型板式给矿机工作原理

重型板式给矿机是将电动机的动力，经过联轴器和减速器驱动链轮轴旋转，通过链轮齿与链条销轴啮合，拖动链板做连续直线运动。链板由安装在机架上的支重轮与托轮支撑，并通过调整拉紧装置使其链条与链轮正确啮合，完成输送物料的目的。

4.4.1.2 重型板式给矿机构成

重型板式给矿机主要由驱动装置、链板装置、拉紧装置、主轴装置、机架、支重轮、托链轮等部分组成。金川公司选用重型板式给矿机规格为1200mm×6000mm，输送能力30~100t/h。

4.4.2 颚式破碎机

颚式破碎机具有破碎比大、产品粒度均匀、结构简单、工作可靠、维修简便、运营费用低等特点，在冶金、矿山、建筑等行业应用得比较广泛。

4.4.2.1 颚式破碎机工作原理

颚式破碎机有定颚和动颚，定颚固定在机架的前壁上，动颚则悬挂在心轴上。当偏心轴旋转时，带动连杆做上下往复运动，从而使两块推力板亦随之做往复运动。通过推力板的作用，悬挂在悬挂轴上的动颚做往复运动。当动颚摆向定颚时，落在颚腔的物料主要受到颚板的挤压作用而粉碎。当动颚摆离定颚时，已被粉碎的物料在重力的作用下，经颚腔下部的出料口自由卸出。因而颚式破碎机的工作是间歇性的，粉碎和卸料过程在颚腔内交替进行。

4.4.2.2 颚式破碎机构成

颚式破碎机主要由机架、固定颚板、活动颚板、动颚、偏心轴、肘板、调整座和传动、飞轮、槽轮组成。颚式破碎机的结构如图4-2所示。

金川公司返料破碎系统处理的物料量为100000t/a。系统采用二级破碎，第一段为

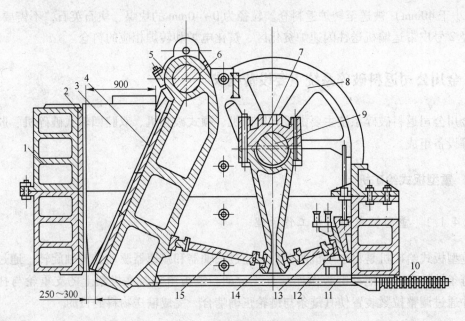

图 4-2　颚式破碎机的结构

1—机架；2，4—破碎板；3—侧面衬板；5—动颚；6—心轴；7—连杆；
8—皮带轮；9—偏心轴；10—弹簧；11—拉杆；12—楔铁；
13—后推力板；14—肘板座；15—前推力板

PE600×900 颚式破碎机，是将粒度不大于 500mm 的块状物料破碎到粒度小于 100mm。

4.4.3　双腔回转式破碎机

4.4.3.1　双腔回转式破碎机工作原理

　　双腔回转破碎机是一种新型的可代替细颚破、圆锥破的破碎机。其工作部件是一个高速回转的破碎辊，该辊与左右对称设置的一对曲线形破碎板耦合组成两个钳料好的优化破碎腔，在主轴偏心作用下使破碎辊做横向旋摆运动，使之产生强劲的循环挤压力，连续渐进对两个破碎腔中的物料交替进行破碎，产品从两条排料口不断地排出。

4.4.3.2　双腔回转式破碎机构成

　　双腔回转式破碎机主要由机体、回转破碎辊、偏心轴、皮带轮、保险装置、调整机构、转动系统及机架组成。双腔回转式破碎机的结构如图 4-3 所示。

　　金川公司返料破碎系统二级破碎选用一台型号为 PSHB210×600 双腔回转式破碎机，将一级破碎后粒径为 100mm 左右的返料进一步破碎到粒径小于 40mm，以满足生产要求。

4.4.4　皮带运输机

　　皮带运输机是以运输胶带作为物料承载件和牵引件的连续运输机械。它是根据摩擦传动原理，由驱动滚筒带动运输胶带、胶带带动物料而完成输送过程。

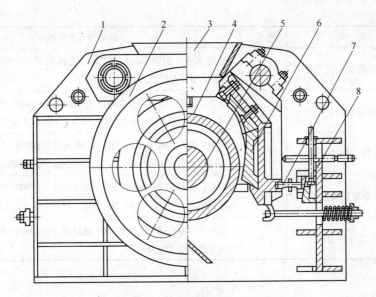

图 4-3　双腔回转式破碎机的结构

1—机体；2—皮带轮；3—料斗；4—回转破碎辊；

5—偏心轴；6—齿板；7—保险板；8—调整机构

皮带运输机的工作环境温度一般限于 -10~+50℃ 之间（采取特殊措施的除外），不能用于输送具有强酸、强碱、油类物质及有机溶剂等成分的物料，可用于水平或倾斜输送，用于向上倾斜输送物料时，其允许倾斜角一般应比被输送物料与胶带之间摩擦角小 10°~15°。

金川公司返料破碎系统主要设备规格和技术性能见表 4-1。

表 4-1　返料破碎系统主要设备规格和技术性能

序号	名　称	数量	规格型号及性能
1	板式给矿机	1 台	规格：1200mm×6000mm，链板速度：0.05m/s，处理量：30~100t/h
2	颚式破碎机	1 台	规格：PE600×900，最大进料尺寸：500mm，排料口调整范围：100±25mm，处理能力：60t/h
3	1 号皮带运输机	1 台	皮带宽度：650mm，长度：78m；附电动机型号：Y160L-4，功率：15kW
4	滚筛	1 台	直径：600mm，长度：6000mm；附电动机型号：POIIRF107/A，功率：30kW
5	2 号皮带运输机	1 台	皮带宽度：800mm，长度：169.1m；附电动机型号：Y280S-6，功率：45kW
6	回转式双腔破碎机	2 台	型号：PSHB210×600；附电动机型号：Y225M-6，功率：30kW
7	3 号皮带运输机	1 台	皮带宽度：650mm，长度：55.25m；附电动机型号：Y160M-4，功率：11kW
8	4 号皮带运输机	1 台	皮带宽度：800mm，长度：12.24m；附电动机型号：Y7.5-1.25-8050
9	5 号皮带运输机	1 台	皮带宽度：800mm；附电动机型号：Y160L-4

序号	名 称	数量	规格型号及性能
10	一破六筒旋涡收尘器	1 台	处理风量：31588m³/h；附离心通风机型号：9-26No14D；风量：38988m³/h，全压：5145Pa
11	一破布袋收尘器	1 台	规格：240ZC-Ⅱ400-ASX760，处理风量：45480~60220m³/h；附离心通风机型号：Y9-38No12.5D，风量：44413m³/h，全压：2578Pa
12	二破块煤仓收尘器	1 台	规格：72ZC300-Ⅱ-AS×170，处理风量：10200~15300m³/h；附离心通风机型号：4-72No8C，风量：34800m³/h，全压：2410Pa
13	二破新布袋收尘器	1 台	型号：144ZC-Ⅱ-400ASX450，处理风量：27300~40950m³/h；附离心通风机型号：G₄-73No10D，风量：45300m³/h，全压：319Pa
14	3 号皮带收尘器	1 台	型号：144ZC300-Ⅱ-38SP450，处理风量：40800~51000m³/h；附离心通风机风量 61600m³/h

5

精 矿 制 粒

5.1 制粒概述

5.1.1 制粒意义

制粒就是将小的粉粒体变成大颗粒的过程。精矿制粒的目的是使小粒度精矿物料形成具有一定粒度和强度的球团，从而提高冶金炉的透气性，降低冶炼烟尘率。

5.1.2 制粒方法分类

（1）团聚法：靠容器转动或容器内的搅拌器搅动，造成粉末碰撞、颗粒滚动，使黏结力产生作用的制粒方法。

（2）压缩法：靠机械压缩使粉末压制成片、球、块的制粒方法。

（3）挤压法：靠剪应力和压缩力的共同作用，使粉末挤出、切割成型的方法。

（4）喷射法：通过对流换热的制粒。

（5）冷却制粒法：通过传导换热的制粒。

5.1.3 制粒方法选择

（1）对于产量较大、料粉较细而对产品粒度要求不严格的产品选用团聚法。

（2）要求产品的机械强度高、形状规则的选用压缩法。

（3）对于黏稠、内聚力大、热塑性好的物料选用挤压制粒法。

（4）对于产品要求比较大的熔融物的制粒选用喷淋法。而对产品要求较小的熔融物的造粒选用冷却制粒法。对可直接从溶液中制得的产品且要求颗粒较小的物料，采用喷淋法中的喷雾干燥制粒。

5.2 精矿制粒工艺

5.2.1 圆盘制粒

5.2.1.1 圆盘制粒基本理论

A　圆盘制粒工作原理及特点

精矿等粉状物料通过给料装置给入制粒机的造球盘，制粒机保持合适的倾斜角度，并以一定的转速旋转，给水系统适当喷水，润湿加入球盘的物料，润湿的物料在盘内滚动，并随盘体一起旋转。电动旋转的刮刀以与圆盘相反的旋向旋转，刮拨盘面，拨粒造球，从加料点进入的物料不断滚动旋转，逐渐形成球状，并沿底点排出，完成造球过程。

圆盘制粒机具有投资省、生产灵活性大、黏度控制范围宽、分级作用强、成球率高、返料率低等特点。

B　圆盘制粒机工作区域

根据造球物料在圆盘内的形态和运动状况，圆盘可分为三个工作区域，即母球区、长球区、成球区，在操作过程中要使圆盘工作区域分明。粉料在母球区受到水的毛细力和机械力作用，产生聚集而形成母球。母球进入长球区，受到机械力、水表面的张力和毛细力的作用，在连续的滚动过程中，湿润的表面不断黏附粉料，从而长大并达到一定尺寸的球粒。长大了的母球在成球区，主要受到机械力和球粒相互间的挤压、搓揉作用，毛细管形状和尺寸不断发生改变，球粒被进一步压密，多余的毛细水被挤到表面，使球粒的孔隙率变小，强度提高，成为尺寸和强度符合要求的球粒，所以此区域又称紧密区。质量达到要求的球粒，在离心力的作用下，被溢出盘外。大粒度球团，因本身的重力大于离心力而浮在球层上，始终在成球区来回滚动；粒度未达到规定要求的小球，由于大球与盘边的阻挡，被带回到圆盘，返回长球区继续长大。

C　圆盘制粒机自动分级原理

圆盘制粒机制粒过程中球粒能够自动分级。球粒的自动分级是指圆盘中的物料能按其本身粒径大小有规律地运动，而且都有各自的运动轨迹。物料按运动轨迹逐渐长大，且粒度大的，运动轨迹靠近盘边并在料面上；相反，粒度小或未成球的物料，其运动轨迹贴近盘底和远离盘边。当球径大小达到要求时，球粒则从盘边自行排出，粒度小的球贴近盘底运动，继续滚动长大。圆盘制粒机分级分区如图5-1所示。

D　圆盘制粒机工艺参数

圆盘造球机的工艺参数主要包括圆盘直径、转速、倾角、边高和刮刀位置等。

(1) 直径。圆盘制粒机的直径大，造球面积随之增大，制粒盘接受料增多，物料在球盘内的碰撞几率增加，物料成核率和母球的成长速度得到提高，球粒产量提高。

制粒盘直径增大，使母球或物料颗粒的碰撞和滚动次数增加，所产生的局部压力提高，球粒较为紧密，气孔率降低，球粒强度提高。

(2) 转速。圆盘制粒机的转速一般可用圆周速度来表示（简称周速）。当圆盘制粒机的直径和倾角一定时，周速只能在一定的范围内波动。如果周速过小，产生的离心力也小，物料提升不到圆盘的顶点，造成母球区"空料"，使物料和母球向下滑动。这一方面

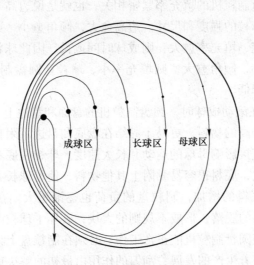

图 5-1　圆盘制粒机球粒分级分区

使盘面的利用率降低，影响产量；另一方面由于母球上升的高度不大和积蓄的动能小，当母球向下滚动时得不到必要的紧密，球粒强度低。如果周速过大，离心力过大，盘内的物料就会被甩到盘边，造成盘心"空料"，使物料和母球不能按粒度分开，甚至造成母球的形成过程停止。如果刮板强迫物料下降，则会造成急速而狭窄的料流严重恶化滚动成型特性。因此，只有适宜的转速才能使物料沿制粒盘的工作面滚动，并按粒度分级而有规则的运动。

另外，圆盘制粒机的周速随物料性质和倾角不同而不同，一般的适宜周速在 1.0 ~ 2.0m/s 之间。若物料与盘底的摩擦系数大，则周速可偏低。

（3）倾角。圆盘制粒机的倾角与周速有关。如果倾角大，为了使物料能上升到规定高度，要求有较大的周速。如果周速一定，则倾角的适宜值就一定，当小于适宜倾角时，物料的滚动性能变坏，盘内的物料会甩到盘边，造成盘心空料，滚动成型条件恶化；当大于适宜倾角时，盘内的物料带不到母球形成区，造成有效工作面积缩小。在一定范围内，圆盘制粒机的适宜倾角一般为 45° ~ 50°，适当增大倾角，可以提高球粒的滚动速度和向下滚落的动力，这对球粒的紧密过程是有利的。但当倾角过分增大时，由于球粒往下滚动的动能过大，它们在圆盘内的停留时间缩短，球粒的气孔率和抗压强度降低，这些都不利于提高圆盘制粒机的产量和质量。

（4）边高和填充率。圆盘制粒机的边高与圆盘的直径和制粒物料的性质有关。根据实践经验，当制粒机的直径和倾角都不变时，边高 H 的大小应随物料的性质而变。如果物料的粒度粗、黏度小，盘边就要高一些；如果物料的粒度细、黏度大，盘边可低一些。圆盘制粒机的边高可按 $H = (0.1 ~ 0.12) D$ 来选择（D 为圆盘直径）。如果边高过高，由于填充率大，合格粒度的球粒不易排出，继续在圆盘内运动。这一方面使合格粒度球粒变得过大；另一方面使物料在圆盘内的运动轨迹受到破坏，球粒不能很好地滚动和分级，达不到高生产率。如果边高过低，球粒很快从球盘中排出，不可能获得粒度均匀而强度高的球粒。

边高的大小还与圆盘制粒机的填充率紧密相关，也就是说边高与球粒在制粒机内的停留时间密切相关，影响球粒的强度和尺寸。边高愈大，倾角愈小，则填充率就愈大。如果单位时间内的给料量一定，填充率愈大，则成球时间愈长，因此球粒的尺寸就变长、强度好、气孔率低。边高愈小，倾角愈大，则填充率小，球粒在圆盘制粒机内的停留时间短，球粒气孔率增加和强度降低。

（5）刮刀的位置。在滚动成球时，圆盘制粒机的盘面和盘边上，往往会有一层制粒物料。特别是粒度细、水分高的物料，更易于黏结在盘底和盘边。附在制粒盘的这一层料称作底料。底料的存在，直接影响母球的运动和长大速度。球粒在底料上不断滚动，会使底料压密和变得潮湿。因此，底料很容易黏附上其他物料，使母球长大速度降低，同时也使底料不断的加厚。随着底料的增加，制粒盘的负荷也逐渐增大。在底料增加到一定厚度时，往往会发生大块底料的脱落，形成不规则的大块，破坏了球粒的运动状态，对制粒正常作业极为不利。为了使圆盘制粒机能正常工作，必须在制粒盘上设置刮刀，清理黏结在盘底和盘边上的积料。随着生产的发展，刮刀的作用由最初的解决底料的问题，发展成为提高制粒盘的生产率和球粒强度的有效措施。圆盘制粒机的刮刀分为固定刮刀和活动刮刀两种类型。

E　影响球粒质量的因素

圆盘制粒机产出的球粒质量与原料的性质、加水及加料操作方法等因素有关。

（1）原料性质对制粒的影响。

1）原料的黏结性。黏结性大的原料易于制粒。例如硫精矿、铜精矿等较易制粒，而氧化矿、金精矿则不易制粒。如果要改善原料的成球性，可采用添加剂的方法来增加原料的黏结性。

2）原料的粒度。原料的粒度差别大，易产生偏析而导致不易制粒。因此原料的粒度要尽可能的小、且形状成多棱角和不规则状。

3）原料的密度。混合料中各组分的密度差别太大，不利于制粒。

（2）原料水分含量大小对球粒质量的影响。物料在适宜的水分下，易形成母球且容易长大。原料水分少，成球速度慢；原料水分高，易黏结在一起，形成的球粒粒度较大。

（3）制粒机的补加水的形态和加水的位置对制粒的影响。原料在混合的过程中，加入适量的水有利于制粒。实践证明精矿在加入到制粒机前，最好是把水分控制在适宜的球粒水分之下，然后在制粒过程中加入少量的补加水。加补加水要遵守一个原则：既要容易形成适当数量的母球，又能使母球迅速长大和压紧。因此，补加水要保证"滴水成球，雾水长大，无水紧密"。即大部分水滴状加在"母球区"的物料上，这时在水滴周围的散料能很快形成母球。另一部分少量的水则以喷雾状的形式加在"长球区"的母球上，促使母球迅速长大。在"成球区"的母球的表面上，由于滚动和搓压的过程中，水分从母球的内部挤出使得母球的表面变得过湿，因此，禁止加水，以防降低球粒的强度和发生母球黏结的现象。因而必须把水加在"母球区"和"长球区"，禁止在"成球区"。

（4）加料位置及料量大小对制粒的影响。在制粒的过程中，加料的位置也要符合加水的原则，必须把原料分别加在"母球区"和"长球区"，禁止在"成球区"加料。从生产实践中可以得出形成母球所需的物料的量较母球的量要少，所以必须使大部分的物料下到"长球区"，而在"母球区"只能下一小部分的物料。一般制粒机的下料要基本能保证"母球区"和"长球区"均有料，若能使物料松散地落在制粒机中，效果更好。

5.2.1.2　圆盘制粒工艺流程

金川公司顶吹炉系统配置有制粒工序，入炉精矿制粒主要是为了减少炉气中的含尘量，提高金属回收率，降低生产成本。

顶吹炉系统圆盘制粒工艺流程为：精矿经过干燥窑干燥后含水 7% ~ 8%，通过胶带运输机输送到 3 台制粒圆盘料仓。控制室通过设定配置在制粒圆盘料仓下方的定量给料机下料量，控制圆盘给料机转速，使精矿均匀可控地落入圆盘制粒机。制粒机保持合适的倾斜角度，并以一定的转速旋转，给水系统适当给水，润湿加入球盘的物料，润湿的物料在盘内滚动，并随盘体一起旋转。电动旋转的刮刀以与圆盘相反的旋向旋转，刮拨盘面，拨粒制粒，从高点进入的物料不断滚动旋转，逐渐形成球状，并沿底点排出，再通过胶带输送机输送到顶吹炉。具体工艺流程如图 5-2 所示。

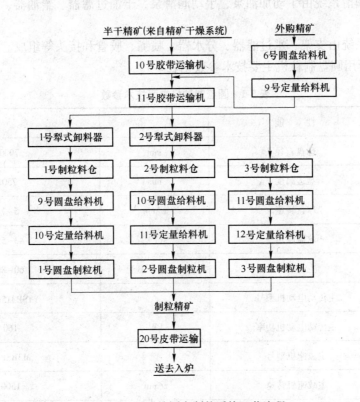

图 5-2　顶吹炉圆盘制粒系统工艺流程

5.2.1.3　精矿制粒系统主要设备构成

顶吹炉精矿圆盘制粒系统主要由 3 台 φ7000mm 圆盘制粒机、3 台定量给料机、3 台圆盘给料机、3 条运输皮带组成。其中，圆盘制粒机为制粒系统的主体设备。

圆盘制粒机主要由传动装置、盘体、机架、干油润滑装置、给水系统、刮刀装置、倾角调整装置等组成。圆盘制粒机的结构如图5-3所示。

（1）传动装置是圆盘制粒机的主要部件，由电动机、减速机、联轴器、小齿轮、大齿轮、主轴、盘体和主轴箱等组成。

（2）机架是制粒机的主要支撑装置，承载传动装置、刮刀装置等制粒机的大部分部件和制粒物料的质量。它主要由底座和支架等部件组成。

（3）刮刀装置由盘沿刮刀、边刮刀、电动机和减速机等组成，底刮刀采用电动旋转底刮刀，在刮刀前端焊有硬质合金刀头，以延长其使用寿命。

（4）倾角调整装置可调节圆盘倾角，它主要由调整器、刻度盘等组成。

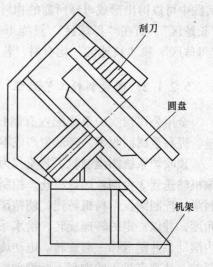

图 5-3　圆盘制粒机的结构

（5）干油润滑系统由手动加油泵、手动润滑泵、干油过滤器、给油器、胶管和接头等组成。

（6）给水系统由支架、水过滤器、分水器、喷嘴、胶管和接头等组成。

金川公司所用圆盘制粒机主要技术参数见表5-1。

表 5-1　圆盘制粒机主要技术参数

序号	性　能	单　位	参　数
1	球盘直径	mm	7000
2	盘边高度	mm	750
3	球盘转速	r/min	5~7
4	球盘倾角	(°)	43~55
5	生产能力	t/h（干基）	60~80
6	主传动电动机型号		YTSP315m^2-4
7	主传动电动机功率	kW	160
8	主减速机型号		M3RSF70
9	主减速机转速	r/min	1500
10	总重	kg	68168

5.2.1.4　圆盘制粒机常见故障、原因及处理方法

圆盘制粒机常见故障、原因及处理方法见表5-2。

表 5-2 圆盘制粒机常见故障、原因及处理方法

常见故障	原　因	处　理　方　法
制粒过程中大球异常增多	大块物料增多	通知中间仓岗位检查隔筛及仓顶是否有漏点
	底刀刀杆未全部调平	待停机后检查底刀调整情况，重新调整
制粒机运行中刀杆与盘面摩擦	刀杆锁紧螺栓未拧紧，刀杆下滑	检查拧紧刀杆螺栓
	底刀架大螺帽开口销脱落，刀架下落	更换底刀架螺帽开口销
	大盘底部耐腐蚀衬板翘起	对衬板检修更换
制粒机运行中三角皮带异响	三角带安装调整过松，打滑	通知钳工检查三角带，停机处理
	制粒机大盘内物料黏结较多，过载	减少补水量，减少大盘黏结物，停机调整边、底刀
制粒机振动异常	制粒机地脚螺栓、主减速机地脚螺栓松动	立即停机，检查地脚螺栓是否松动
	主减速机联轴器不同心	钳工检查联轴器是否同心
回转轴承、大小齿轮异响	回转轴承缺油或损坏	检查干油泵工作是否正常，检查油管是否进轴，轴承、齿轮是否缺油
	大小齿轮缺油或磨损间隙过大	检查轴承是否完好，齿轮磨损是否间隙过大，进行相应检修处理

5.2.2　圆筒制粒

5.2.2.1　圆筒制粒机工作原理

圆筒制粒机主要由壳体、进出料端组成。壳体上有两个滚圈，滚圈坐落在基础上的两组托轮上，筒体上的大齿圈通过基础上的传动系统中的小齿轮带动，以使圆筒制粒机传动。筒体倾斜安装，倾角为 1.5°～15°。靠筒壁装有一组回转刮刀、主要是用来刮下黏结于筒壁上的粉料。中、上部有一喷淋管，用来向粉料喷洒黏结剂。

物料由进料端上的给料口进入回转圆筒，随回转圆筒转动向上带起，至一定高度受重力落下，成螺旋形翻滚向前推进，在黏结剂的作用下，逐步团聚长大成粒后从物料端的出料口排出。

圆筒制粒机的优点是结构简单，生产能力大，易于操作，能处理易扬尘及伴有化学反应的物料。

5.2.2.2　圆筒制粒机主要设备构成

圆筒制粒机的结构如图 5-4 所示，主要由给料机、回转刮刀、回转圆筒、出口罩、主动和从动齿轮等装置组成。

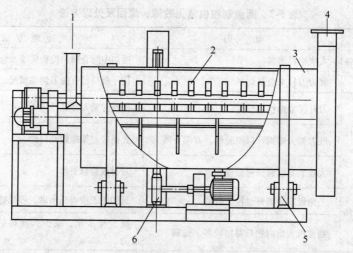

图 5-4　圆筒制粒机的结构

1—给料口；2—回转刮刀；3—回转圆筒；4—出口罩；

5—支撑滚轮和轮箍；6—主动和从动齿轮

5.2.3　挤压制粒

5.2.3.1　单螺杆挤压造粒机

单螺杆挤压造粒机的结构如图 5-5 所示，主要由传动系统、螺杆、筒体、机头组成。

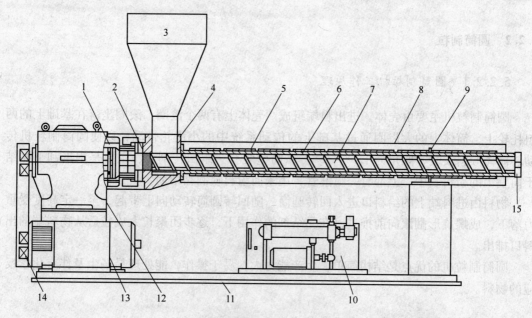

图 5-5　单螺杆挤压造粒机的结构

1—止推轴承；2—密封装置；3—料斗；4—进料口；5—冷却水与加热器；6—料筒；7—螺杆；

8—料筒隔热防护罩；9—料筒支座；10—封闭冷却系统；11—地基；12—减速器；

13—电动机；14—皮带和皮带轮；15—模板

粉料由料斗进入筒体后，与螺杆接触的物料被螺杆咬住，随着螺杆的旋转被螺纹强制地向机头方向推进，在摩擦热和筒体外加热的联合作用下变成熔融体。螺杆的压力和模块的阻力使熔融体密实压力增大后将物料从模块挤出。有些物料直接变为颗粒，经风冷后包装；有些物料被挤压成条，经水冷后再经切粒系统切粒、干燥后包装。

螺杆是挤压造粒机的最主要部件，通过它的转动，筒体内的物料才能移动，从而得到增压和摩擦热。螺杆有三个不同的几何段，这三段分别为加料段、融化段和计量段如图5-6所示。

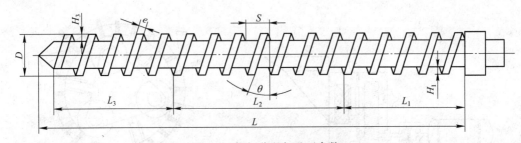

图 5-6　螺杆分段与重要参数

H_1—加料段螺槽深度；H_3—计量段螺槽深度；D—螺杆直径；θ—螺旋升角；

L—螺杆有效长度；e—螺棱宽度；S—螺距

5.2.3.2　双螺杆挤压造粒机

双螺杆挤压造粒机的总布置如图5-7所示。它与单螺杆挤压造粒机的主要不同是具有两个相互啮合的螺杆，因而物料的输送靠正位移的原理进行，不会有压力回流。由于螺杆的啮合，物料受到纵、横向的剪切，物料的混合性能好。双螺杆挤压造粒机的形式多样，有两轴同向旋转的、异向旋转的，还有锥形螺杆的，本处仅介绍同向平行双螺杆挤压造粒机。其螺杆如图5-8所示，采用积木式，它是将一节一节的螺纹元件套在轴心上，不同的螺纹元件具有不同的作用，一根螺杆主要有四个作用段，即输送及压缩段、混炼段、排气段和挤压段。

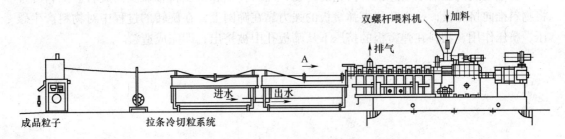

图 5-7　双螺杆挤压造粒机总布置

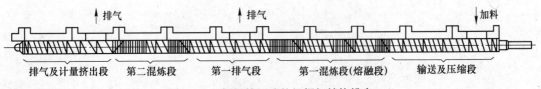

图 5-8　双螺杆挤压造粒机螺杆结构排布

5.2.3.3　滚轮挤压造粒机

滚轮挤压造粒机的结构组成及造粒过程如图 5-9 所示。电动机通过传动箱带动传动盘旋转，传动盘带动模孔轮转动，模孔轮转动时靠物料的摩擦作用带动滚轮旋转，这样在滚轮和模孔轮之间就对物料形成碾压作用。在这个碾压的作用下，物料从模孔中挤出，在刮刀的作用下成粒。滚轮可以有两个，也可以有三个。滚轮与模孔轮之间的间隙，通过棘轮调节偏心轴的角度来确定。

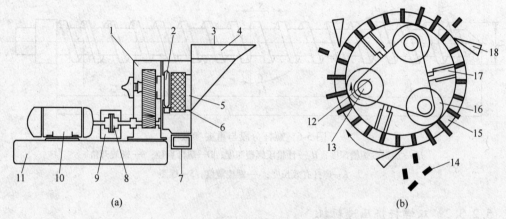

图 5-9　滚轮挤压造粒机的结构组成及造粒过程

（a）滚轮挤压造粒机外部结构；（b）滚轮挤压造粒机造粒过程

1—传动箱；2—传动盘；3—进料；4—加料斗；5—导向锥盘；6，15—模孔轮；

7，14—颗粒；8—联轴器；9—防护罩；10—电动机；11—机架；12—架板；

13—偏心轴；16—滚轮；17—导向片；18—刮刀

5.2.3.4　桨叶式挤压造粒机

在电动机的驱动下通过耦合齿轮的传动，加料转轴和挤压转轴做反向旋转。加料叶片将物料推向挤压段，挤压叶片靠弹簧板的强力靠在筛网上，在旋转的过程中对物料产生碾压、挤压作用，物料在弹簧板的挤压下从筛板孔中被挤出，即完成造粒。

重冶备料工复习题

一、填空题

1. 物料含高价硫化物越多，焙烧反应产生的（　　）热能越多，脱硫越快。

2. 物料粒度越细、着火点越低、致密性越差、导热性越好，脱硫反应越（　　）。

3. 氧气量越充足、热空气与物料的接触程度越好，反应速度越快，焙烧（　　）程度越高。

4. 窑速越（　　）、物料在窑内的停留时间越（　　），脱硫率越高。

5. 投料量增大、窑速提高，焙砂产量（　　）。

6. 窑尾负压提高，烟气温度提高，烟尘率（　　）。

7. 回转窑处理的物料以精矿为主，同时可以处理系统（　　）的烟灰、（　　）工序中产出的各种渣、小粒度（　　）及低品位杂料等。

8. 原料从窑尾加入，在窑内（　　）与重油燃烧喷射出的热气流进行逆流（　　），经过（　　）、（　　）后，从窑头产出合格的焙砂，作为电炉熔炼的原料转入下道工序。

9. 二氧化硫具有强烈的（　　）性气味，它能刺激（　　），损伤（　　）器官，引起（　　）道疾病。

10. 焙烧过程产生的污染物有（　　）氧化物、（　　）氧化物、（　　）状污染物。

11. 燃烧应具备的三个条件是：（　　）物、（　　）剂及（　　）点。

12. 焙烧是将精矿或者矿石加热而不（　　），使物料的（　　）发生一定变化，以满足下道工序需要的火法冶炼工艺。

13. 回转窑烟气的主要特点是（　　）和（　　）高，（　　）低。

14. 精矿是矿石经过选矿工艺过程产出的富集（　　）的物料。

15. 物理-化学结合水和物理-机械结合水分中有一部分难于脱除的属于（　　）。可用机械方法脱除的水分和存在于物料表面的大量水分属于（　　）。

16. 目前，焙烧车间产出的焙砂主要送往（　　）熔炼。

17. 有色冶炼常用的干燥方法有（　　）和（　　）（又称转筒干燥）两种。

18. 蒸汽干燥是指利用（　　）通过蒸汽排管，蒸汽排管与被干燥物料（　　）而去除水分的一种干燥方式。

19. 利用（　　）克服物料的内聚力，使之破碎的过程称为粉碎。

20. 冷却制粒法是通过（　　）换热的制粒。

二、单项选择题

1. 精矿的物理性质包括（　　）。
   A. 水分　　　　　　B. 温度　　　　　　C. 浓度　　　　　　D. 重量

2. 用来表示精矿颗粒大小的物理量是（　　）
   A. m^3　　　　　　B. mm　　　　　　C. 浓度　　　　　　D. kg

3. 利用烟尘重力除尘的设备是（　　）。
   A. 旋涡除尘器　　　B. 沉降室　　　　　C. 布袋除尘器

4. 利用惯性原理除尘的设备是（　　）。
   A. 旋涡除尘器　　　B. 沉降室　　　　　C. 布袋除尘器

5. 烟道内的烟气（　　），粉尘越容易沉降。
   A. 流速越快　　　　B. 流速越慢　　　　C. 流量越大

6. 铜金属最实用的特性是具有良好的（　　）性能。
   A. 导电　　　　　　B. 防腐　　　　　　C. 加工

7. 铜焙砂的硫铜比合格率应控制在（　　）%以上。
   A. 70　　　　　　　B. 80　　　　　　　C. 90

8. 铜系统一次风量应控制在（　　）m^3/h（标态）。
   A. 0～9500　　　　B. 500～5000　　　C. 2400～3800

9. 铜系统投料量应控制在（　　）斗/h。
   A. 0～12　　　　　B. 2～12　　　　　　C. 3～12

10. 金川回转窑的生产能力是（　　）t/h。
    A. 40　　　　　　　B. 50　　　　　　　C. 60

11. 金川回转窑的规格是（　　）。
    A. ϕ3.6mm×52mm　　B. ϕ3.5mm×50mm　　C. ϕ3.2mm×50mm

12. 焙烧工序的金属直收率是指（　　）中某金属含量占入窑物料中该金属含量的百分数。
    A. 烟灰　　　　　　B. 焙砂　　　　　　C. 窑皮

13. 电炉加入石英是为了熔炼（　　）的需要。
    A. 造锍　　　　　　B. 造渣　　　　　　C. 造铜

14. 回转窑投料量的大小会影响（　　）。
    A. 单位时间的焙砂产能
    B. 重油单耗　　　　C. 作业率

15. 回转窑起支承筒体作用的设备是（　　）。
    A. 托轮　　　　　　B. 挡轮　　　　　　C. 齿圈

16. 精矿水分是衡量精矿质量的指标之一，根据选矿方法的不同，精矿水分一般在(　　)。
    A. 10%～25%　　　B. 15%～25%　　　C. 3%～7%

17. 单位体积的物料在自然堆积条件下所具有的重量，称为（　　）。

A. 安息角　　　　　　B. 堆密度　　　　　　C. 密度

18. 蒸汽干燥系统的主要设备包括回转式蒸汽干燥机、布袋收尘器和仓式泵等。其中（　　）为精矿干燥的核心设备。

A. 干燥机　　　　　　B. 布袋收尘器　　　　C. 仓式泵

19. 布袋收尘器入口温度正常控制在（　　）。

A. （100±10）℃　　B. （50±10）℃　　C. （75±10）℃

20. 在恒定的雾化和干燥条件下，颗粒尺寸和干燥产品的堆密度随着进料物料速率的增加而（　　）。

A. 增加　　　　　　　B. 不变　　　　　　　C. 减小

三、多项选择题

1. 金川回转窑处理的铜精矿的种类有（　　）。

A. 高硫铜精矿　　B. 高铜铜精矿　　C. 标准铜精矿　　D. 烧结矿

2. 破碎按粒度划分方法分为（　　）。

A. 粉碎　　　　　B. 粗碎　　　　　C. 中碎　　　　　D. 细碎

3. 返料破碎主要处理镍系统的（　　）。

A. 大块中间物料　B. 自热炉渣　　　C. 反射炉渣　　　D. 外购特富矿

4. 制粒方法分为（　　）

A. 团聚法　　　　B. 压缩法　　　　C. 挤压法　　　　D. 喷射法

5. 对于产量较大、料粉较细而对产品粒度要求不严格的产品选用（　　）；要求产品的机械强度高、形状规则的选用（　　）；对于黏稠、内聚力大、热塑性好的物料选用（　　）。

A. 团聚法　　　　B. 压缩法　　　　C. 挤压法　　　　D. 冷缩制粒法

6. 回转窑的组成部分有（　　）。

A. 窑筒体　　　　B. 支承系统　　　C. 传动系统

D. 窑头罩、窑尾罩

7. 影响焙砂质量的因素有（　　）。

A. 窑内温度　　　B. 窑速　　　　　C. 烟气量　　　　D. 精矿含硫

8. 铜焙砂的成分有（　　）。

A. 铜　　　　　　B. 二氧化硅　　　C. 氧化铁　　　　D. 硫

9. 固体物料的基本物理性质有（　　）。

A. 粒度　　　　　B. 堆积角　　　　C. 密度　　　　　D. 导热系数

10. 与皮带输送能力有关的参数有（　　）。

A. 皮带宽度　　　B. 皮带长度　　　C. 皮带角度　　　D. 运行速度

四、判断题

1. 氧气量越充足、热空气与物料的接触程度越好，则反应速度越快。（　　）

2. 窑速越慢、物料在窑内的停留时间越长，脱硫率越高。（　　）

3. 焙烧分为煅烧、还原焙烧、氧化焙烧、硫酸化焙烧、氯化焙烧、烧结焙烧和离析焙烧。（　　）

4. 氧化镁属于高熔点物质，其熔点为 2800℃，经常用作耐火原料。（　　）

5. 高铝砖的主要成分为莫来石、方石英或刚玉。（　　）

6. 耐火材料的透气度越高，砌体的寿命越高。（　　）

7. 用电器正常工作时所允许通过的平均电流称做额定电流。（　　）

8. 设备维护的"四会"要求是：会使用、会保养、会检查、会排除故障。（　　）

9. 人员、设备、物料、方法和环境是现场质量管理的基本内容。（　　）

10. 焙砂含硫越少越好。（　　）

11. 电炉要求焙砂不能含有粒度为 20~30mm 的块料。（　　）

12. 焙烧过程中不会有硫酸盐的生成与分解反应发生，但存在二氧化硅与各种金属氧化物间的相互作用。（　　）

13. 燃烧系统一次、二次、三次风的作用分别是输送或雾化燃料、助燃以及调整火焰形状。（　　）

14. 回转窑在进料端悬挂链条，是为了增强热交换，减少物料在窑壁黏结。（　　）

15. 窑内掉砖是耐火材料及砌筑质量问题，与生产操作没有关系。（　　）

16. 物料的粒度越大，其比表面积就越小，焙烧反应的速度和程度就会降低。（　　）

17. 制粒就是将小的粉粒体变成大颗粒的过程。（　　）

18. 金川公司的返料破碎系统处理的物料量为 100000 t/a。（　　）

19. 破碎是使大块物料破裂成小块物料；粉磨是使小块物料破碎成粉末物料。（　　）

20. 煤（即碳）是一种固体燃料，它主要是由碳、氮、硫、水、挥发分及灰分等组成，其主要热源是硫。（　　）

五、计算题

1. 回转窑的焙砂烧成率为 82%，生产能力为 40t/(h·台)，某班的计划作业时间是 7.5h，问能生产多少焙砂？需要多少精矿？

2. 某精矿含硫 26.5%，焙砂含硫 18.5%，问焙烧脱硫率是多少？

3. 回转窑的焙砂烧成率为 82%，某班生产任务为 550t，自产精矿与外购精矿的配比为 2:1，问该班需要多少外购精矿？

4. 蒙古矿含铜 32%，智利矿含铜 26%，国内矿含铜 24%，蒙古矿、智利矿与国内矿的配比为 2:2:1，问混合矿含铜多少？

5. 镍精矿含硫 25%，镍焙砂含镍为 7.8%，焙烧脱硫率为 20%，问硫镍比是多少？

6. 某班两台窑投入铜精矿 900t（干量），产出焙砂 820t，精矿含铜 25%，焙砂含铜 27%，问焙烧工序金属铜的直收率是多少？

7. 回转窑主排烟烟道直径为 1.3m，烟气量为 86000m³/h，问烟气流速是多少？

8. 已知回转窑内径 3.7m，长 60m，充填率为 10%，物料密度为 1.8t/m³，问窑内物料总重多少 t？

9. 已知回转窑的长径比为 16，若窑长 60m，求窑的直径是多少？

10. 已知电动机的额定功率是 40kW，平均负荷为 70%，问运行 8h 耗电多少？

11. 回转窑的生产焙砂能力是 40t/（h·台），某班两台窑作业时间共 12.5h，问共产焙砂多少 t？

12. 已知窑内砌体横截面积为 2.3m²，耐火材料的密度为 2.2t/m³，问窑内砌体的重量是多少？

13. 已知圆盘料仓可装 40t 精矿，若按 65t/h 下料，问一圆盘料多少分钟可以下完？

14. 已知皮带行走速度为 0.8m/s，尾部轮处胶带上的标记 2min 后到达头部轮，问该皮带机有多长？

15. 已知回转窑的生产铜焙砂的能力是 52t/h，某班电炉要铜焙砂 430t，问一台窑能否完成任务？

16. 已知回转窑转速为 0.8r/min，窑直径为 2m，斜度为 0.02，物料的自然堆积角为 35°，计算物料在窑内的轴向移动速度。

17. 已知回转窑内衬体积为 42m³，耐火砖的规格为 223mm×113mm×65mm，求窑内衬共需多少块砖？

18. 某班一台窑产出镍焙砂 260t，作业时间 6.5h，问该班单位时间的生产能力是多少？

19. 已知回转窑的直径为 5m，长度为 100m，求窑的长径比是多少？

20. 已知重油发热值为 42000kJ/kg，若每生产 1t 焙砂需要 25kg 重油，问消耗了多少热量？

重冶备料工复习题参考答案

一、填空题

1. 化学；2. 快；3. 脱硫；4. 快、长；5. 提高；6. 提高；7. 返回、湿法、矿石；8. 物料、热交换、脱水、焙烧；9. 刺激、黏膜、呼吸、呼吸；10. 硫、氮、粉尘；11. 可燃、助燃、着火；12. 熔融、化学成分；13. 含尘、水分、SO_2；14. 有价金属；15. 结合水分、自由水分；16. 电炉；17. 气流干燥、回转窑干燥；18. 饱和（或过热）蒸汽、接触；19. 外力；20. 传导

二、单项选择题

1. A；　2. B；　3. B；　4. A；　5. B；　6. A；　7. C；　8. A；
9. A；　10. A；　11. C；　12. B；　13. B；　14. A；　15. A；　16. A；
17. B；　18. A；　19. A；　20. C

三、多项选择题

1. ABC；　2. BCD；　3. ABCD；　4. ABCD；　5. ABC；　6. ABCD；
7. AD；　8. ABCD；　9. ABCD；　10. AD

四、判断题

1. √；　2. √；　3. √；　4. √；　5. √；　6. √；　7. ×；　8. √；
9. √；　10. ×；　11. ×；　12. ×；　13. √；　14. √；　15. ×；　16. √；
17. √；　18. √；　19. √；　20. ×

五、计算题

1. 解：$40 \times 7.5 = 300t$

$300 / 0.82 = 365.9t$

2. 解：$\dfrac{0.265 - 0.185}{0.265} \times 100\% = 30.2\%$

3. 解：$\dfrac{550}{0.82} \times \dfrac{1}{3} = 223.6t$

4. 解：$\left(0.32 \times \dfrac{2}{5} + 0.26 \times \dfrac{2}{5} + 0.24 \times \dfrac{1}{5}\right) \times 100\% = 28\%$

5. 解：$(0.25 - 0.25 \times 0.2)/0.078 = 2.56$

6. 解：$\dfrac{820 \times 0.27}{900 \times 0.25} \times 100\% = 98.4\%$

7. 解：$1.3/2 = 0.65m$

　　$86000/3600/(0.65 \times 0.65 \times 3.14) = 18m/s$

8. 解：$3.7/2 = 1.85m$

　　$1.85 \times 1.85 \times 3.14 \times 60 \times 0.1 \times 1.8 = 116.1t$

9. 解：$60/16 = 3.75m$

10. 解：$40 \times 0.7 \times 8 = 224°$

11. 解：$40 \times 12.5 \times 2 = 1000t$

12. 解：$2.3 \times 3.14 \times 3.2 = 23.11t$

13. 解：$40/65 \times 60 = 37min$

14. 解：$0.8 \times 2 \times 60 = 96m$

15. 解：$430 \times 52 = 8.3 > 8h$

　　不能完成

16. 解：$324 \times 2 \times 0.8 \times 0.02/(24+35) = 0.176m/s$

17. 解：$42/(0.223 \times 0.113 \times 0.065) = 25642$ 块

18. 解：$260/6.5 = 40t$

19. 解：$5/100 = 0.05$

20. 解：$25 \times 42000 = 1050MJ$

重冶收尘工

粉 尘 治 理

人类在生产和生活的过程中需要有一个清洁的空气环境。但是许多生产过程都产生大量的粉尘，如果任意向大气排放粉尘，将污染大气，危害人体健康，影响工农业生产。因此，含尘气体必须经过净化处理，达到排放标准才排入大气。有些生产过程如原料加工、水泥、有色金属冶炼等排出的粉尘是生产的原料或成品，回收这些有价粉尘，具有很大的经济价值。

6.1 粉尘来源、分类及危害

6.1.1 粉尘主要来源

粉尘种类繁多，其主要来源有以下几个方面：
（1）固体物料的机械粉碎过程，如破碎机、球磨机等加工物料的过程。
（2）粉状料的混合、筛分、包装运输等过程，如制药、水泥、面粉等生产加工、运输过程。
（3）物质的燃烧过程，如煤在燃烧过程中会有大量的微细炭粉散发出来。
（4）固体表面的加工过程，如打磨、抛光等工艺过程。
（5）物质被加热时发生氧化、升华、蒸发与凝结等，在其过程中产生并散发出固体微粒。

6.1.2 粉尘分类

粉尘按性质分为无机性粉尘、有机性粉尘和混合性粉尘。
（1）无机性粉尘。无机性粉尘又可分为矿物性粉尘（如石英、石棉、滑石等粉尘）、金属性粉尘（如铁、铝、铜、铅等粉尘）和人工无机粉尘（如水泥、玻璃纤维等粉尘）。
（2）有机性粉尘。有机性粉尘又可分为煤炭类粉尘、植物性粉尘（如棉花、亚麻、谷物、烟草等粉尘）、动物性粉尘（如动物的角质、毛发、骨质等粉尘）和人工合成的有机性粉尘（如有机染料等粉尘）。
（3）混合性粉尘。生产过程发生的粉尘很少是单一的，往往是由两种或两种以上粉尘的混合体组成的，这就是混合性粉尘。
粉尘按粒径大小可分为可见性粉尘、显微性粉尘、超显微性粉尘。
（1）可见性粉尘：用眼睛可以直接分辨的粉尘，其粉尘粒径一般大于 $10\mu m$。

（2）显微性粉尘：在普通显微镜下可以分辨的粉尘，其粉尘粒径为 $0.25 \sim 10 \mu m$。

（3）超显微粉尘：在高倍显微镜或电子显微镜下才可以分辨的粉尘，其粉尘粒径一般小于 $0.25 \mu m$。

6.1.3 粉尘危害

粉尘排入大气，对人体健康、环境、自然景观、生态、经济都有影响。影响的严重程度取决于排出的粉尘总量、粉尘的物理和化学性质以及排放源的周围环境。

6.1.3.1 粉尘对人体的影响

A 对人体的危害

粉尘对人体的危害主要表现在以下两个方面：

（1）引起尘肺病。一般粉尘进入人体肺部后，可引起各种尘肺病。有些非金属粉尘如硅、石棉、炭黑等，由于吸入人体后不能排出，将变成硅肺、石棉肺或尘肺。例如含有游离二氧化硅成分的粉尘，在肺泡内沉积会引起纤维性病变，使肺组织硬化而失去呼吸功能，出现"硅肺病"。

（2）引起中毒甚至死亡。有些毒性强的金属粉尘（铬、锰、镉、铅、镍等）进入人体后，会引起中毒以致死亡。例如铅使人贫血，损伤大脑；锰、镉损坏人的神经、肾脏；镍可以致癌；铬会引起鼻中隔溃疡和穿孔，甚至增加肺癌发病率。此外，这些金属粉尘都能直接对肺部产生危害。例如吸入锰尘会引起中毒性肺炎；吸入镉尘会引起心肺功能不全等。所以，粉尘中的一些重金属元素对人体的危害是很大的。表6-1所列为某些工业粉尘及其可能引起的疾病。

表 6-1 工业粉尘及其可能引起的疾病

粉尘的种类	可引起的疾病
燃烧排放的烟尘	佝偻病（软骨病）
氧化铅、铬化合物、氟化合物	中毒性疾病
铝、铁、锌尘	金属热症
植物尘	花粉症
羽毛、毛发	哮喘症
无机和有机物粉尘	慢性支气管炎
悬浮硅石粉	硅肺
炭粉	炭肺
铁粉	铁肺
铝粉	铝肺
香烟尘	香烟尘肺
焦油、镭放射性矿物粉尘、石英石粉、铬化合物尘、氧化铁粉尘	肺癌

续表 6-1

粉尘的种类	可引起的疾病
无机和有机物粉尘	流行性病、白喉、结核病
氟及氟化物尘	氟黑皮肤病及皮肤癌
镍尘	镍湿疹
可可、焦油	皮肤癌

B 对人体危害程度的影响因素

粉尘对人体健康的影响取决于粉尘的性质、粒径及浓度。

(1) 粉尘的性质。粉尘的化学成分直接影响粉尘对人体的危害程度，特别是粉尘中游离的二氧化硅。长期吸入大量含结晶型游离二氧化硅的粉尘可引起硅肺病。粉尘中游离二氧化硅的含量越高，引起病变的程度越重，病变的发展速度越快。直接引起尘肺的粉尘是指那些可以吸入到肺泡内的粉尘，一般称为呼吸性粉尘。因此，可吸入肺泡中的游离二氧化硅直接危害人体的健康。

(2) 粉尘的粒径。粉尘的粒径是影响危害程度的一个重要因素，粉尘的粒径越小对人体危害越大。图 6-1 所示为不同粒径粉尘在呼吸系统各部位的沉积率。

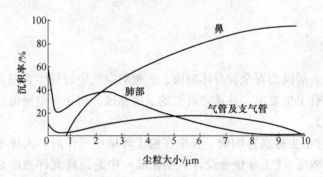

图 6-1 不同粒径粉尘在呼吸系统各部位的沉积率

由图 6-1 可见，不同粒径的粉尘在呼吸系统各部位的沉积情况不同。大于 $5\mu m$ 的粉尘主要阻留在鼻腔、喉头、气管上呼吸道中，是由这些器官的纤毛和分泌黏液的阻留，经咳嗽、喷嚏等保护性反射作用而排出。小于 $5\mu m$ 的粉尘会深入并滞留在肺泡中。有人研究了硅肺死者肺中尘粒的百分比，发现粒径在 $1.6\mu m$ 以下者占 86%，$3.2\mu m$ 以下者占 100%。

粉尘越细，在空气中停留时间越长，被吸入的机会也就越多；微细粉尘一般都具有很强的吸附能力。很多有害气体、液体或某些金属元素（如镍、铬、锌等），都能吸附在微细粉尘上而被带入肺深处，从而促成急性或慢性病症的发生。例如 1952 年英国"伦敦烟雾事件"中二氧化碳就是以微细粉尘（$5\mu m$ 以下）为"载体"而被吸入到肺部而造成的严重灾害。因此，粒径小于 $5\mu m$ 的粉尘对人体健康危害最大，这部分粉尘称为"呼吸性粉尘"或"吸入性粉尘"。

(3) 粉尘浓度。粉尘浓度是指单位体积空气中所含粉尘的量。其表示方法有计重和计数两种。我国采用计重法，即质量浓度，每立方米空气中所含粉尘的毫克数，以 mg/m^3 表示。粉尘浓度直接决定对人体的危害程度。同一粉尘，在空气中浓度超高，被人体吸入的量就越多，尘肺的发病率也就超高，对人体的危害越大。

6.1.3.2　对生产的影响

粉尘对生产的影响主要是降低产品质量和机器工作精度。如感光胶片、集成电路、化学试剂、精密仪表和微型电机等产品，要是被粉尘沾污或其转动部件被磨损、卡住，就会降低质量甚至报废。

粉尘还会降低光照度和能见度，影响室内作业的视野。

有些粉尘如煤尘、铝尘和谷物粉尘在一定浓度和温度条件下会发生爆炸，造成人员伤亡和经济损失。

6.1.3.3　对大气环境的影响

生产粉尘如果不加控制地排入大气，会在更大范围内破坏大气环境，造成污染。

6.2　有关标准及防尘措施

6.2.1　卫生标准

为了保证工人、居民的安全和身体健康，必须对空气中的粉尘含量加以限制，必须使工业企业的设计符合卫生要求，并遵守有关的卫生标准。对于粉尘来说，遵守的是《工业企业设计卫生标准》。

《工业企业设计卫生标准》明确了长期在粉尘环境中工作时，人体不至于发生任何病理改变的最高允许浓度。《工业企业设计卫生标准》中的最高允许浓度是根据车间现场卫生调查和工人健康状况动态的观察以及动物实验研究资料，并考虑到我国的经济、技术条件制定的。例如《工业企业设计卫生标准》规定，车间空气中一般粉尘的最高允许浓度为 $10mg/m^3$，含有 10% 以上游离二氧化硅的粉尘则为 $2mg/m^3$，危害性越大的物质其容许浓度越低。

6.2.2　排放标准

工业生产中产生的有害物质是造成大气环境恶化的主要原因，因此，从生产车间排出的空气不经过净化或净化不够都会对大气造成污染。所以，1982 年我国制定了《大气环境质量标准》（GB 3095—1982），1996 年在修订的基础上，颁布了《环境空气质量标准》（GB 3095—1996），并于同年 10 月 1 日起实施。排放标准是在卫生标准的基础上制定的。《大气污染物综合排放标准》（GB 16297—1996）规定了 33 种大气污染物的排放限值，其指标体系为最高允许排放浓度、最高允许排放速率和无组织排放监控浓度限值。不同行业的相应标准的要求比《大气污染物综合排放标准》中的规定更为严格。在实际工作中，对已制定行业标准的生产部门，应以行业标准为准。

6.3　通风装置

6.3.1　按通风系统动力分类

6.3.1.1　自然通风

自然通风是依靠室内外温差所造成的热压，或者室外风力作用在建筑物上所形成的压差，使室内外的空气进行交换，从而改善室内空气环境的一种通风方式。

图 6-2 是利用热压进行自然通风的示意图。由于室内空气温度高，空气密度小，因此就产生了一种上升的力量，使房间中的空气上升后从上部窗排出，这时室外的冷空气就从下边的门窗或缝隙进入室内。这样，在房间内就形成了一种由室内外温度差引起的自然通风。这种通风常称为热压作用下的自然通风。

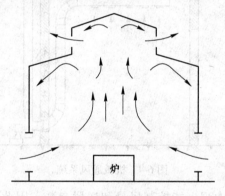

图 6-2　热压作用下的自然通风

图 6-3 所示为利用风力在房间中造成的自然通风。从图中可以看到，风由建筑物迎风面的门窗吹入房间内，同时把房间中的脏空气从背风面的门窗压出去。这就在房间中形成了一种由风力引起的自然通风，这种通风通常称为风压作用下的自然通风。

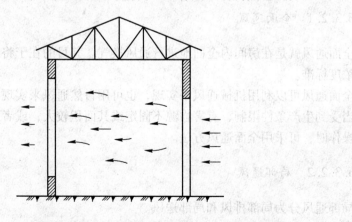

图 6-3　风压作用下的自然通风

自然通风的优点是不需要专设动力装置，对于产生大量余热的车间是一种经济而有效的通风方法。其不足之处是，自然进入的室外空气无法预先进行处理；同样从室内排出的空气中，如果含有粉尘或有毒气体时，也无法进行净化处理；严重者会污染周围环境。另外，自然通风的换气量一般要受室外气象条件的影响，通风效果不稳定。

6.3.1.2　机械通风

机械通风是借助于通风机产生的动力，使空气沿着一定的通风管网分送到房间各需要地点，或将污浊空气从房间排出到室外的通风系统。

机械通风的种类很多，其中安装在墙洞或窗口上的轴流式风机排风是机械通风中最简单的一种。图 6-4 所示为一种较简单的机械通风系统。

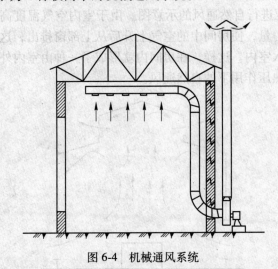

图 6-4　机械通风系统

机械通风的优点是动力强，能控制风量和送风参数，因此，可以满足较高的通风要求。其缺点是机械通风系统要比自然通风复杂，一次投资和运行管理费用较高。

6.3.2　按通风系统作用范围分类

6.3.2.1　全面通风

全面通风就是在房间内全面地进行通风换气。其目的在于将房间内的有害物冲淡至容许的浓度标准。

全面通风可以利用机械通风来实现，也可用自然通风来实现。

当受到生产条件限制，有害物源不固定或其面积较大，或者安装局部通风装置会妨碍工人操作时，可采用全面通风方法。

6.3.2.2　局部通风

局部通风分为局部排风和局部送风。

（1）局部排风。局部排风就是在集中产生有害物的局部地点，设置有害物捕集装置，将有害物就地排走，以控制有害物向室内扩散。局部排风装置对防毒、排尘是最为有效的通风方法。它可以用最小的风量，获得最好的通风效果。局部排风系统可以是机械的，也可以是自然的。

典型的局部排风系统由局部排气罩、风管、空气净化装置和风机组成。

1）局部排气罩：它是收集有害物的装置。

2）风管：它是用来输送空气的装置。

3）空气净化装置：为了保护大气环境或回收原材料，当排气中的粉尘或其他有害物的含量超过排放标准时，必须采用除尘器或有害气体净化设备处理，在达到排放标准后排入大气。

4）风机：它是输送空气的动力设备。为了防止风机被磨损或腐蚀，通常将风机放在净化装置的后面。

（2）局部送风。向局部工作地点送风，创造局部地带良好的空气环境，这种送风方式称为局部送风。例如有些高温车间，即便设计自然通风对整个车间进行降温，工人在操作地点还是受高温热辐射的作用，这种场合可采取局部送风措施。

局部通风与全面通风比较，效果好，而且经济，在控制有害物扩散方面，有很大的作用。

在实际工程中，各种通风方法常常是联合使用的，如全面通风和局部排风联合使用，全面通风和局部送风联合使用，全面通风和局部送、排风联合使用等。应根据卫生技术要求、建筑物和生产工艺特点以及经济适用等具体情况来决定通风方法。

6.4 粉尘性质

块状物料破碎成细小的粉状微粒后，除了继续保持原有的主要物理化学性质外，还出现了许多新的特性，如爆炸性、带电性等，在这些特性中，与除尘技术密切的有以下几个方面：

（1）密度。粉尘的密度分为真密度和堆积密度（也称容积密度）。在松散状态下单位体积粉尘的密度称为堆积密度。排除颗粒之间及颗粒内部的空气，测出在密实状态下单位体积粉尘的密度称为真密度。研究单个尘粒在空气中的运动时用真密度，计算灰斗体积时用堆积密度。

（2）黏附性。粉尘相互间的凝聚与粉尘在器壁上的堆积，都与粉尘的黏附性有关。粉尘之间的凝聚会使尘粒逐渐增大，有利于提高除尘效率。粉尘与器壁的黏附会使设备或管道发生故障和堵塞。

（3）爆炸性。固体物料破碎后总表面积大大增加，与空气中的氧有了充分的接触，在一定的温度和浓度下可能发生爆炸。

（4）可湿性。尘粒是否易于被水或其他液体润湿的性质称为可湿性。粉尘根据被水润湿的程度可分为两类：容易被水润湿的称为亲水性粉尘；难以被水润湿的称为疏水性粉尘。疏水性粉尘不易用湿法除尘。

（5）粉尘粒径。粒径是表征粉尘颗粒状态的重要参数。表示粒径大小有以下几种方法：

1）粒径的分散度。粉尘的粒径分布称为分散度，是指粉尘中各种粒径的颗粒所占百分数，一般分为质量分散度和颗粒分散度两类。

2）分割粒径（临界粒径）。除尘器分级除尘效率为 50% 的粒子直径称为分割粒径，它是表示除尘器性能有代表性的粒径。

3）粉尘比表面积。单位质量粉尘的总表面积称为粉尘的比表面积。比表面积增加时，表面能也随之增大，从而增强了表面活性。比表面积对烟尘的湿润、溶解、凝聚、附着、吸附、爆炸等性质都有直接影响。

（6）比电阻。尘粒的比电阻是用面积为 $1cm^2$ 的圆盘，自然堆至 1cm 高，沿高度方向测得的电阻值，单位为 $\Omega \cdot cm$（欧姆·厘米）。比电阻的倒数为电导率。尘粒的比电阻对电收尘器的性能影响较大，电收尘器能捕集粉尘的最佳比电阻为 $10^4 \sim 10^{10} \Omega \cdot cm$。比电阻大于 $10^{10} \Omega \cdot cm$ 的粉尘属高比电阻粉尘；比电阻小于 $10^4 \Omega \cdot cm$ 的粉尘属低比电阻粉尘。

（7）摩擦角。摩擦角一般分为内摩擦角和外摩擦角。内摩擦角亦称为安息角，是指粉尘在平面上自由堆积时，自由表面（倾斜面）与水平面形成的最大夹角。

（8）结构。机械尘一般为不规则多棱立方体和片状；挥发尘一般近似球状、纤维状和结晶体。

6.5　除尘器性能指标和除尘机理

6.5.1　除尘器性能指标

6.5.1.1　除尘效率

除尘效率是评价除尘器性能的重要指标之一。除尘器除下的粉尘量与进入除尘器的粉尘量之比称为除尘器的除尘效率 η。

（1）根据粉尘量计算。

$$\eta = \frac{G_2}{G_1} \times 100\%$$

式中　G_1——供给除尘器的粉尘量，g/s；

　　　G_2——除尘器除下的粉尘量，g/s。

（2）根据除尘器进口、出口管道内烟尘流量和烟尘浓度计算。

1）当除尘器结构严密，没有漏风，即 $Q_进 = Q_出$ 时：

$$\eta = \left(1 - \frac{C_出}{C_进}\right) \times 100\%$$

2）当除尘器漏风，即 $Q_进 \neq Q_出$ 时

$$\eta = \left(1 - \frac{C_出 \, Q_出}{C_进 \, Q_进}\right) \times 100\%$$

式中　$C_进$，$C_出$——标态下除尘器进口、出口管内烟尘浓度，g/m^3；

　　　$Q_进$，$Q_出$——标态下除尘器进口、出口管内烟气流量，m^3/h。

3）除尘器串联时

$$总收尘效率 = 1 - (1-\eta_1)(1-\eta_2)(1-\eta_3)\cdots(1-\eta_n)$$

式中，η_1，η_2，$\cdots$，η_n 分别为第 1 级、第 2 级、第 3 级……第 n 级除尘器效率。

6.5.1.2　穿透率

穿透率是评价除尘器性能的一个指标，指通过除尘器的粉尘量与进入除尘器的粉尘量之比，其计算公式为：

$$穿透率 = \frac{G_2}{G_1} \times 100\%$$

6.5.2　除尘机理

目前常用除尘器的除尘机理有重力、离心力、惯性碰撞、接触阻流、扩散、静电、凝聚。工程上常用的除尘器往往不是简单地依靠某一种除尘机理，而是几种除尘机理的综合运用。

6.6　除尘器分类及其性能

除尘器一般分为机械式除尘器、洗涤式除尘器、过滤式除尘器、电除尘器和声波除尘器 5 类。各类除尘器的基本性能见表 6-2。

表 6-2　除尘器的分类及其性能

序号	类　别	除尘设备形式	阻力/Pa	除尘效率/%	设备费用	运行费用
1	机械式除尘器	重力除尘器	50~150	40~60	少	少
		惯性除尘器	100~500	50~70	少	少
		旋风除尘器	400~1300	70~92	少	中
		多管旋风除尘器	800~1500	80~95	中	中
2	洗涤式除尘器	喷淋洗涤器	100~300	75~95	中	中
		文丘里洗涤器	500~1000	90~99.9	少	高
		自激式洗涤器	800~2000	85~99	中	较高
		水膜洗涤器	500~1500	85~99	中	较高
3	过滤式除尘器	颗粒层除尘器	800~2000	85~99	较高	较高
		袋滤器	400~1500	85~99.9	较高	较高
4	电除尘器	干式静电除尘器	100~200	80~99.9	高	少
		湿式静电除尘器	100~200	80~99.9	高	少
5	声波除尘器		600~1000	80~95	较高	少

6.7　机械式除尘器

机械式除尘器是利用重力、惯性、离心力等方法来去除尘粒的设备，包括重力沉降室、惯性除尘器和旋风除尘器。机械式除尘器构造简单、投资少、动力消耗低，除尘效率一般在40%~90%之间，是国内常用的一种除尘设备。

6.7.1 重力沉降室

6.7.1.1 重力沉降室工作原理

重力沉降室（见图6-5）是利用重力沉降原理使尘粒从气体中分离出来的除尘设备。该设备结构简单，流体阻力小，但除尘效率低，体积庞大。重力沉降室可分为水平气流沉降室和垂直气流沉降室。

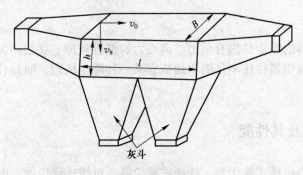

图 6-5　重力沉降室

（1）水平气流沉降室。当含尘气体从管内进入沉降室后，由于截面的扩大，气体的流速减慢，在流速减慢的一段时间内，尘粒从气流中沉降下来进入灰斗中，净化气体从沉降室另一端排出。

（2）垂直气流沉降室。当气流从管道进入沉降室后，由于截面扩大降低了气流速度，沉降速度大于气流速度的尘粒就沉降下来。

为了提高沉降室的除尘效率，有的在室内加装一些挡板，如图6-6所示。其目的一方面是为了改变气流的运动方向，粉尘颗粒因为惯性较大，不能随同气体一起改变方向，撞到挡板上，失去继续飞扬的动能，沉降到下面的集灰斗中；另一方面是为了延长粉尘的通行路程，使它在重力作用下逐渐沉降下来。

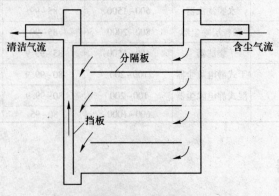

图 6-6　多层沉降室

6.7.1.2 重力沉降室特点

重力沉降室的特点有：
（1）结构简单、造价低廉。
（2）没有运转部件，运行可靠。
（3）管理方便，维修简易。
（4）沉降室阻力小。
（5）可以不考虑磨损，不受使用温度的限制。
（6）降下的粉尘可以回收干料。
（7）占地面积大。
（8）除下的粉尘粒径偏大，一般在 $50\mu m$。
（9）除尘效率低。
（10）对于多层沉降室清灰困难。

6.7.1.3 重力沉降室设计与计算

A 尘粒沉降的条件

要使具有沉降速度 v_s 的粉尘全部沉降在重力沉降室，含尘气体在沉降室内必须停留足够的时间 τ。

$$\tau = \frac{l}{v_0}$$

式中　l——沉降室长度，m；
　　　v_0——尘粒在沉降室内随气流运动的速度，m/s。
尘粒由上部降至底部的时间为 τ_s。

$$\tau_s = \frac{h}{v_s}$$

式中　h——沉降室的高度，m；
　　　v_s——尘粒的沉降速度，m/s。
为了保证含尘气体中具有沉降速度 v_s 的尘粒全部沉降在沉降室，必须满足条件：

$$\tau \geqslant \tau_s \qquad 或 \qquad \frac{l}{v_0} \geqslant \frac{h}{v_s}$$

B 重力沉降室的设计计算步骤

（1）根据所处理粉尘粒径，计算其沉降速度。

$$v_s = \frac{d_c^2 \rho_c g}{18\mu}$$

式中　d_c——尘粒直径，m；

ρ_c ——尘粒密度，kg/m^3；

g ——重力加速度，m/s^2；

μ ——流体的动力黏度，$Pa \cdot s$。

（2）假定沉降室的高度 h。沉降室的高度一般取 $h = 1.5 \sim 2.0m$。

（3）计算沉降室的长度 l。

$$l \geqslant \frac{hv_0}{v_s}$$

式中，尘粒水平速度一般取 $v_0 = 0.5m/s$。

（4）计算重力沉降室宽度 B。根据通过重力沉降室的处理风量 Q，求得其宽度 B。

$$B = \frac{Q}{hv_0}$$

（5）计算重力沉降室能除下的最小粉尘粒径 d_{cmin}。

$$d_c = \sqrt{\frac{18\mu v_s}{\rho_c g}}$$

$$v_s = \frac{v_0 h}{l}$$

由上两式可得最小粉尘粒径 d_{cmin}（因为可认为 v_s 是最小的沉降速度，也就是最小粒径的沉降速度）。

$$d_{cmin} = \sqrt{\frac{18\mu hv_0}{\rho_c gl}}$$

由上式可见，重力沉降室的长度 l 越长，除下的粉尘粒径就越小。

6.7.2 惯性除尘器

6.7.2.1 惯性除尘器工作原理

为了改善沉降室的除尘效果，可在沉降室内设置各种形式的挡板，使含尘气流冲击在挡板上，气流方向发生急剧转变，尘粒借助本身的惯性力作用，与气流分离。图6-7所示为含尘气流冲击在两块挡板上时尘粒分离的机理。

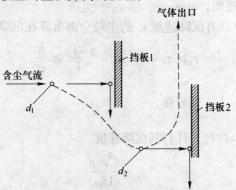

图6-7 惯性除尘器的分离机理

当含尘气流冲击到挡板 1 上时，惯性大的粗尘粒 d_1 首先被分离下来，尘粒 d_2（$d_2 <$ d_1）被气流带走。当气流冲击到挡板 2 时，气流方向转变，尘粒 d_2 借助离心力作用也被分离下来。

因此，这种惯性除尘器，除了借助惯性力作用外，还利用了离心力和重力的作用。

6.7.2.2　惯性除尘器分类

惯性除尘器结构形式多种多样，主要分为冲击式和反转式惯性除尘器两种。

（1）冲击式惯性除尘器。它是以气流中粒子冲击挡板而捕集较粗粒子的结构形式。图 6-8 所示为冲击式惯性除尘器的结构。在这种结构中，沿气流方向设置一级或多级挡板，可使气体中的尘粒冲撞挡板而被分离。

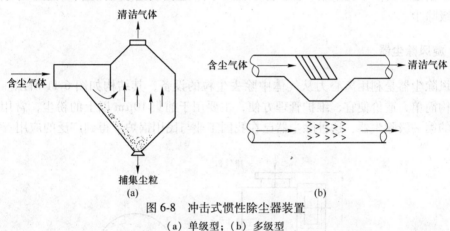

图 6-8　冲击式惯性除尘器装置
(a) 单级型；(b) 多级型

（2）反转式惯性除尘器。它主要是创造使含尘气流急剧转折的条件，以便尘粒从含尘气流中分离出来。转折的角度一般为 90°或 180°，如图 6-9、图 6-10 所示。图 6-9 中挡板带很深的槽，且挡板密，气流转折急剧、转折多，像进入迷宫一样，转折角一般为 90°。

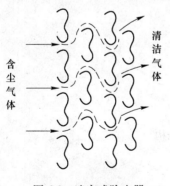

图 6-9　迷宫式除尘器

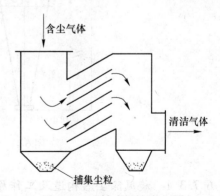

图 6-10　反转式惯性除尘器

6.7.2.3　惯性除尘器特点

惯性除尘器的特点有：

（1）惯性除尘器结构形式多样，繁简不一。

（2）与重力沉降室比较，除尘效果明显改善，除尘效率较高，除下粉尘粒径一般为 $20 \sim 30 \mu m$。

（3）由于除尘器内设置障碍物多，因此阻力增加。

6.7.2.4　惯性除尘器应用

一般惯性除尘器的气流速度越高，气流方向转变角度越大，转变次数越多，净化效率越高，但压力损失也越大（压力损失一般在 $100 \sim 1000 Pa$）。所以惯性除尘器一般用于净化密度和粒径较大的金属或矿物性粉尘，除尘效率较高。对于黏结性和纤维性粉尘，容易造成除尘器堵塞，所以不宜采用。惯性除尘器由于净化效率不高，所以一般用于多级除尘中的第一级除尘。

6.7.3　旋风除尘器

旋风除尘器是利用离心力从气体中除去尘粒的设备，其结构如图 6-11 所示。旋风除尘器结构简单，造价便宜，维护管理方便，主要用于捕集 $10 \mu m$ 以上的粉尘，常用作多级除尘中的第一级除尘器，这种除尘器已在我国工业与民用锅炉上得到广泛的应用。

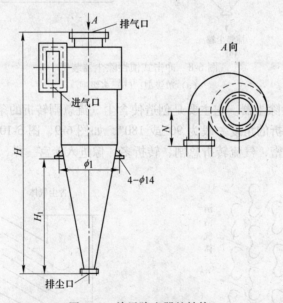

图 6-11　旋风除尘器的结构

6.7.3.1　旋风除尘器构造及工作原理

旋风除尘器主要由筒体、锥体、排出管三部分组成。含尘气体由切线进口进入除尘器，沿外壁由上向下做螺旋形旋转运动，这股向下旋转的气流称为外涡旋。外涡旋到达锥体底部后，转而向上，沿轴线向上旋转，最后经排出管排出，这股向上旋转的气流称为内涡旋。向下的外涡旋和向上的内涡旋的旋转方向是相同的。气流做旋转运动时，尘粒在惯性离心力的推动下向外壁移动，到达外壁的尘粒在气流和重力作用下，沿壁面落入灰斗。旋风除尘器工作原理如图 6-12 所示。

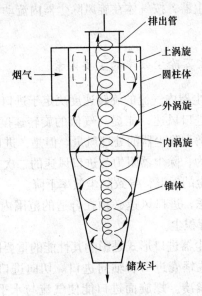

图 6-12　旋风除尘器的工作原理

旋风除尘器气流除了做切向运动外，还要做径向运动，外旋涡的径向速度是向心的，而内涡旋的径向速度是向外的。旋风除尘器内部的速度和压力分布如图 6-13 所示。

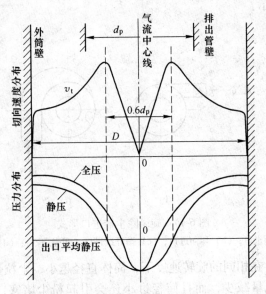

图 6-13　旋风除尘器内部的速度和压力分布

6.7.3.2　旋风除尘器分类

旋风除尘器的类别繁多，可以按不同方法分类：按除尘效率分为高效和普通旋风除尘器；按处理烟气量分为大流量、中流量旋风除尘器；按流体阻力分为低阻、中阻旋风除尘器；按结构外形分为长锥体、长筒体、扩散式、旁通式旋风除尘器；按安装方式分为立式、卧式、倒装式旋风除尘器；按组合情况分为单管和多管旋风除尘器；按气体导入方向分为切向流和轴向流旋风除尘器；按气体在旋风除尘器内流动和排出路线分为反转式和直流式旋风除尘。

6.7.3.3　影响旋风除尘器除尘效率的主要因素

（1）进口风速。旋风除尘器内气流的旋转速度决定于进口的风速。进口风速大，则气流旋转速度快。因此，增大进口风速，能提高气流的旋转速度，增大粉尘受到的离心力，从而提高除尘效率，同时也增大除尘器的处理风量。但是，进口风速不宜过大，过大会导致除尘器阻力急剧增加（因为，除尘器阻力与进口风速的二次方成正比），动力消耗增大。进口风速过高，还会加剧粉尘的返混，导致除尘效率下降。

从技术、经济两方面考虑，进口风速必须在合适的范围内，一般为 15~25m/s，并不应低于 10m/s，以防止进气管积尘。

（2）进口形式。旋风除尘器进口形式是影响其性能的重要因素，常用的进口形式有切向进口、螺旋面进口、渐开线蜗壳进口、轴向进口。切向进口是普遍使用的一种进口形式，它制造简单，外形尺寸紧凑。螺旋面进口能使气流与水平面呈一定角度向下旋转流动，减小进口部分气流的相互干扰。渐开线蜗壳进口加大了进口气流和排气管间的距离，减小进口气流对内部逆转气流的干扰和短路逸出，除尘效率较高。轴向进气口的气流分布均匀，流体阻力小，但除尘效率低，常用于组合成小直径的多管旋风除尘器。旋风除尘器进口形式如图 6-14 所示。

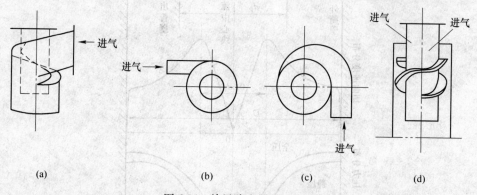

图 6-14　旋风除尘器进口形式
（a）螺旋面进口；（b）切向进口；（c）渐开线进口（蜗壳进口）；（d）轴向进口

（3）筒体直径 D。在相同的旋转速度下，筒体直径越小，尘粒受到的离心力越大，除尘效率越高，但处理风量减少，而且筒径过小还会引起粉尘堵塞，所以筒径一般不小于 150mm。为保证除尘效率不致降低太大，筒径一般不大于 1000mm。如果处理风量大，可采用并联组合形式或多管旋风除尘器。图 6-15 所示为 CLG 型多管旋风除尘器。

（4）排气管直径 d_p。理论和实践都表明，减小排气管直径可以减小内旋涡的范围，有利于提高除尘效率。但是 d_p 不能取得过小，以免阻力增大，一般取 $d_p = (0.4~0.66)D$。

（5）筒体和锥体高度。筒体部分的高度为其直径的 1~2 倍，锥体部分的高度为直径

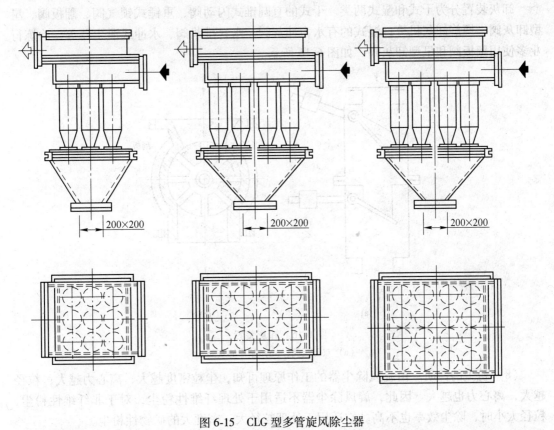

图 6-15　CLG 型多管旋风除尘器

的 1~3 倍，锥体底角为 25°~40°。增加筒体和锥体高度，从表面上看，似乎增加了气流在除尘器内的旋转圈数，有利于尘粒的分离。但是，实际上由于外旋涡有向心的径向运动，使下旋的外旋涡气流在下旋过程中不断进入上旋的内旋涡中，因此，筒体和锥体的总高度过大并没有什么实际意义。实践经验表明，一般以不超过筒体和锥体总高度的 5 倍为宜。

在锥体部分，由于断面不断减小，尘粒到达外壁的距离也逐渐减小，气流的旋转速度不断增加，尘粒受到的离心力不断增大，这对粉尘的分离是有利的。高效旋风除尘器大都是长锥体，就是这个原因。目前，国内的高效旋风除尘器，如 CZT 型和 XCX 型也都是采用长锥体，其锥体长度为 $(2.80 \sim 2.85)D$。

（6）灰斗。灰斗是旋风收尘器的重要组成部分。合理的灰斗应能使旋风收尘器捕集的烟尘顺利落入其中。灰斗应有足够的容积，除了满足储存的需要外，还可保证延伸到灰斗内的旋转气流不致引起被收下烟尘的再飞扬。灰斗应有良好的气密性，并能顺利地排出储存的烟尘。

（7）除尘器底部的严密性。旋风除尘器无论是在正压下运行，还是在负压下运行，其底部总是处于负压状态。如果除尘器底部不严密，从灰斗渗入的空气形成返混流，会把正在落入灰斗的一部分粉尘带出除尘器，使除尘效率显著下降。所以，如何在不漏风的情况下，进行正常排尘是保证旋风除尘器正常运行的一个十分关键的问题。

旋风除尘器在运行中排灰口处于负压状态，如果卸灰装置漏风，将极大影响除尘效率。因此，对卸灰装置的选型和维护管理必须有足够的重视。

卸灰装置分为干式和湿式两类。干式的有圆锥式闪动阀、重锤式锁气阀、翻板阀、星型卸灰阀、螺旋卸灰机等；湿式的有水力冲灰阀、水封排浆阀、水冲式泄尘器等。冶炼行业多使用翻板阀和星型卸灰阀，如图 6-16 所示。

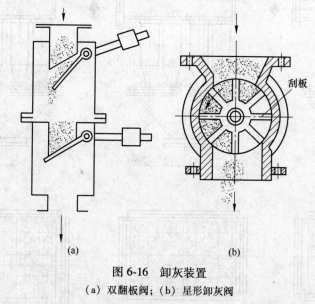

图 6-16　卸灰装置
(a) 双翻板阀；(b) 星形卸灰阀

（8）粉尘的性质。由旋风除尘器的工作原理可知，尘粒密度越大，离心力越大；粒径越大，离心力也越大。因此，旋风除尘器不适用于处理纤维性粉尘，对于非纤维性粉尘，粒径太小时，除尘效率也不高。它适用于处理粒径大、密度大的矿物性粉尘。

6.7.3.4　旋风除尘器组合

旋风除尘器有并联和串联两种基本组合形式。

并联组合的旋风除尘器的处理气体量等于单筒旋风除尘器处理气量之和，其阻力约为单筒阻力的 1.1 倍，收尘效率略低于同规格单筒旋风除尘器，只有型号和规格相同的旋风除尘器并联方能有较好的使用效果。

并联组合的旋风收尘器的灰斗应分别单独设置，以避免单个旋风收尘器之间烟气相互串流。各并联单筒旋风收尘器共用一个灰斗时，应按组合的筒数将灰斗分格。

在处理的烟气含尘浓度大、收尘效率要求高、烟尘粗且磨琢性特强的情况下，可采用串联的旋风收尘器。

串联使用的旋风除尘器可以使用相同型号不同规格的，也可以使用不同型号不同规格的。旋风除尘器串联使用一般不宜超过两级，其处理气量等于各台的处理气量，阻力等于各台的阻力之和，除尘效率按串联除尘器效率的计算公式。

6.7.3.5　旋风除尘器选型设计

A　选型原则

（1）旋风除尘器净化气体量应与实际需要处理的含尘气体量一致。选择除尘器直径时应尽量小些。如果要求通过的风量较大，可采用若干个小直径的旋风除尘器并联为宜。

（2）旋风除尘器入口风速要保持 18~23m/s。低于 18m/s 时，其除尘效率下降；高于 23m/s 时，除尘效率提高不明显，但阻力损失增加，耗电量增高很多。

（3）选择除尘器时，要根据工况考虑阻力损失及结构形式，尽可能使之动力消耗减少，且便于制造。

（4）旋风除尘器能捕集到的最小尘粒应等于或小于被处理气量的粉尘粒度。

（5）当含尘气体温度很高时，要注意保温，避免水分在除尘器内凝结。假如粉尘不吸收水分，露点为 30~50℃ 时，除尘器的温度最少应高出 30℃ 左右；假如粉尘吸水性较强（如水泥、石膏和含碱粉尘等），露点为 30~50℃ 时，除尘器的温度应高出露点温度 40~50℃。

（6）旋风除尘器结构的密闭性要好，确保不漏风。尤其是负压操作，更应注意卸料锁风装置的可靠性。

（7）易燃易爆粉尘（如煤粉），应设有防爆装置。防爆装置的通常做法是在入口管道上加一个安全防爆阀门。

（8）当粉尘黏性较小时，最大允许含尘质量浓度与旋风除尘器直径有关，即直径越大其允许含尘质量浓度也越大。具体关系见表6-3。

表6-3 旋风除尘器直径与允许含尘质量浓度关系

旋风除尘器直径/mm	800	600	400	200	100	60	40
允许含尘质量浓度/g·m⁻³	400	300	200	150	60	40	20

B 选型步骤

旋风除尘器的选型计算主要包括选型和筒体直径及个数的确定等内容。一般步骤和方法如下：

（1）确定除尘系统需处理的气体量。当气体温度较高、含尘量较大时，其风量和密度发生较大变化，需要进行换算。若气体中水蒸气含量较大时，亦应考虑水蒸气的影响。

（2）根据所需处理气体的含尘质量浓度、粉尘性质及使用条件等初步选择除尘器类型。

（3）根据需要处理的含尘气体量 Q，按下列式计算除除尘器直径：

$$D = \sqrt{\frac{Q}{3600 \times \frac{\pi}{4} v_p}}$$

式中　　D——除尘器直径，m；

v_p——除尘器筒体净空截面平均流速，m/s；

Q——操作温度和压强下的气体流量，m³/h。

或根据需要处理气体量算出除尘器出口气流速度（一般在 12~25m/s）。由选定的含尘气体进口速度和需要处理的含尘气体量算出除尘器入口截面积，再由除尘器各部分尺寸比例关系选出除尘器。

当气体含尘质量浓度较高，或要求捕集的粉尘粒度较大时，用选用较大直径的旋风除尘器；当要求净化程度较高，或要求捕集微细尘粒时，可将较小直径的旋风除尘器并联使用。

（4）必要时按给定条件计算除尘器的分离界限粒径和预期达到的除尘效率。也可直接按有关旋风除尘器性能表选取，或将性能数据与计算结果进行核对。

6.7.3.6　机械式除尘器运行与维护管理

A　防止漏风

机械除尘器漏风主要有 3 个部位，分别是除尘器进、出口连接法兰处，除尘器本体和除尘器卸灰装置。

引起漏风的原因有：

（1）除尘器进出口连接法兰处的漏风主要是由于连接件使用不当引起的。

（2）除尘器的本体漏风的主要原因是磨损。

（3）除尘器卸灰装置的漏风主要是卸灰阀阀板、阀体磨损或其法兰连接处安装不严。

除尘器一旦漏风将严重影响除尘效率，必须采取防止漏风措施：

（1）更换除尘器进出口连接法兰。

（2）本体漏风处加耐磨衬板。

（3）更换卸灰阀或紧固连接法兰螺栓。

B　预防关键部位磨损

磨损的部位主要是壳体、圆锥和排尘口。其磨损与下列因素有关：

（1）含尘浓度：含尘浓度越大，器壁磨损越快。

（2）粉尘粒径：粒径越大，器壁磨损越快。

（3）粉尘的磨琢性：烟尘磨琢性越强，器壁磨损越快；密度越大、硬度越大、外形有棱角的粉尘磨琢性越强，对器壁的磨损越严重。

（4）气流速度：气流速度越大，磨损越严重。

（5）锥角：锥角越大，锥体底部越容易磨损。

防止磨损的技术措施有：

（1）防止排尘口堵塞。

（2）防止过多的气体倒流入排尘口。

（3）应经常检查除尘器有无因磨损而漏气的现象，以便及时采取措施。

（4）尽量避免焊缝和接头。

（5）在灰尘冲击部位使用可以更换的抗磨板。

C　避免粉尘堵塞和积灰

机械除尘器的堵塞和积灰主要发生在排尘口附近，其次发生在进排气的管道里。

a　排尘口堵塞及预防措施

引起排尘口堵塞通常有两个原因：

（1）大块物料或杂物滞留在排尘口形成障碍物，之后其他粉尘在周围堆积，形成堵塞。

（2）灰斗内灰尘堆积过多，不能及时顺畅排出。

排尘口堵塞严重会增加磨损，降低除尘效率和加大设备的压力损失。

预防排尘口堵塞的措施是：

（1）在吸气口增加栅网，栅网既不增加吸风效果，又能防止杂物吸入。

（2）在排尘口上部增加手掏孔。

b　进、排气口堵塞原因及预防

机械式除尘器的进气口或排气口通常不进行专门设计，所以在进排气口略有粗糙直角、斜角等就会形成粉尘的黏附、加厚，直至半堵塞或堵塞。避免和预防堵塞的第一个环节是从设计考虑，设计时要根据粉尘性质和气体特点使除尘器进出口光滑，避免容易形成堵塞的直角、斜角。加工制造设备时要打光突出的焊瘤、结疤等。

6.8　过滤式除尘器

过滤式除尘器是利用含尘气流通过过滤材料时，将粉尘分离捕集的装置。在通风除尘系统中应用最多的是以纤维织物为滤料的袋式除尘器（表面过滤除尘，见图6-17）。以廉价的砂、砾、焦炭等颗粒物为滤料的颗粒层除尘器是在20世纪70年代出现的，主要用于高温烟气除尘（内部过滤除尘，见图6-18）。本节主要介绍袋式除尘器。

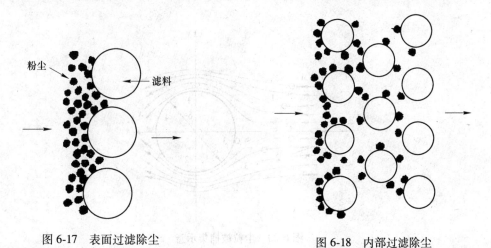

图 6-17　表面过滤除尘　　　　　图 6-18　内部过滤除尘

6.8.1　袋式除尘器工作原理

含尘气体进入除尘器后，通过并列安装的滤袋，粉尘被阻留在滤袋的内表面，净化后的气体从除尘器上部出口排出。随着粉尘在滤袋上的积聚，除尘器阻力也相应增加。当阻力达到一定数值后，要及时清灰，以免阻力过高，除尘效率下降。

图 6-19 所示为袋式除尘器的结构。袋式除尘器是利用纤维织物的过滤作用将含尘气体中的粉尘阻留在滤袋上的。滤袋的网孔一般为 $20 \sim 50 \mu m$，而粉尘的粒径有的很小，$d_c <5\mu m$，那为什么孔隙较大的滤料能捕捉很微细的尘粒呢？这是因为滤料的过滤性在起作用。滤料的过滤性通常是通过筛滤效应、惯性碰撞效应、截留效应、扩散效应、静电效应除尘机理的综合作用而实现的，如图 6-20 所示。

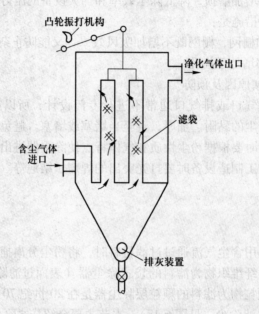

图 6-19　袋式除尘器的结构

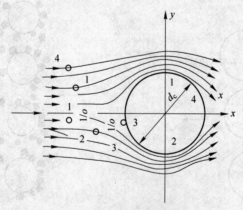

图 6-20　尘粒被捕集示意

（只要气流中的粉尘碰撞到捕尘体上即被捕获）

（1）惯性碰撞效应。气流运动的前方遇到障碍物时，流线产生偏转，而尘粒由于质量大，其惯性作用使其仍然向前做直线运动，与捕尘体（纤维、颗粒层的颗粒）碰撞而被捕集。惯性碰撞效应是各种捕尘机理中最普遍和最重要的。对于惯性捕尘，起决定作用的是尘粒的质量，因而在分析研究中都假定尘粒只有质量而无大小。

（2）截留效应。质量较小的尘粒，由于其惯性小，会随气流按流线方向一起流动，如

果粉尘粒径 d_c 大于流线到捕集体表面的垂直距离，当它与捕集体相遇时就会被拦截，而发生截留效应。这里，对截留捕尘起作用的是尘粒的大小，而不是惯性，并且与气流的速度无关。因此，在分析截留捕尘的机理时，都假定尘粒只具有一定尺寸而无质量。

（3）扩散效应。质量更小的微细尘粒，在气流中受到气体分子的撞击而做无规则的热运动（布朗运动），并不规则地、不均衡地跟随流线做扩散运动，有可能与捕集体碰撞而被捕集，这就是扩散效应。

（4）静电效应。外加电场或感应等作用可能使捕尘体荷电，或尘粒荷电，或两者都带电。当尘粒荷电与捕尘体碰撞部位电性恰好相反时，两者相吸引，尘粒被捕集，这种捕尘机理称为静电效应。

总的来说，含尘气体通过洁净滤袋时（新滤袋或清洗后的滤袋），由于洁净滤袋本身的网孔较大（一般滤料为 $20\sim50\mu m$，表面起绒的为 $5\sim10\mu m$），气体和大部分微细粉尘都能从滤袋经纬线和纤维之间的网孔通过，而粗大的尘粒则被阻留下来，并在孔网之间产生"架桥"现象。随着含尘气体不断通过滤袋纤维间隙，被阻留在纤维间隙的粉尘量也不断增加。经过一段时间后，滤袋表面积聚一层粉尘，这层粉尘称为初层，如图 6-21 所示。

在以后的过滤过程中，初层便成了滤袋的主要过滤层。由于初层的作用，过滤很细的粉尘，也能获得较高的除尘效率。这时滤料主要起着支撑粉尘层的作用。随着粉尘在滤袋上的积聚，除尘效率不断增加，但同时阻力也增加。当阻力达到一定程度时，滤袋两侧的压力差就很大，会把有些已附在滤料上的微细粉尘挤压过去，使除尘效率降低。另外，除尘器阻力过高，会使通风除尘系统的风量显著下降，影响通风罩的工作效果。因此，当阻力达到一定数值后，要及时清灰，清灰时不能破坏初层，以免除尘效率产生波动。

图 6-22 为同一滤料在不同状况下的分级效率曲线。由图可以看出，洁净滤料的除尘效率最低，积尘后最高，清灰后有所降低。由图还可以看出，对粒径为 $0.2\sim0.4\mu m$ 的粉尘，在不同状况下的除尘效率都最低。这是因为这一粒径范围的尘粒处于惯性碰撞和截留作用范围的下限、扩散作用范围的上限。

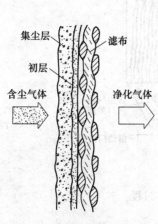

图 6-21　滤料的过滤作用

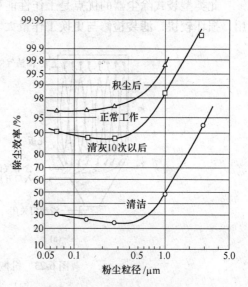

图 6-22　某袋式除尘器分级效率曲线

6.8.2 袋式除尘器除尘效率分析

袋式除尘器除尘主要是靠滤料的作用。其过滤除尘分为两个阶段：首先是含尘气体通过清灰滤料，此时过滤除尘作用主要靠纤维，这是过滤除尘的初级阶段；其次是含尘气体进入滤料经过一段时间后，滤料表面积尘不断增加形成了初尘层，此时除尘主要靠除尘层起作用，该阶段为过滤除尘的第二阶段。

不同种类、不同结构的滤料，直接影响过滤效率。不同结构的滤料，其透气率和容尘量不同，透气率低、容尘量大对提高除尘效率有利。不同状态的滤料，其除尘效率不同，洁净滤料（新料或清灰彻底的滤料）除尘效率最低；随初尘层的形成和积尘量的增加，除尘效率也不断增加。

含尘浓度高时初尘层形成很快，除尘效率增加急剧，但阻力也增加很快，需要及时清灰，即清灰时间间隔缩短，这对提高袋式除尘效率反而不利。所以袋式除尘器处理的含尘气体的含尘浓度要适当，含尘浓度过高时要经过预处理。

过滤风速高低也直接影响初尘层形成的快慢。过滤风速高，初尘层形成迅速，导致清灰频繁，而使除尘效率下降。

袋式除尘器的除尘效率较高，一般均在98%以上。影响除尘效率的因素主要有灰尘的性质、织物性质、运行参数及清灰方法等。

6.8.3 袋式除尘器基本结构

（1）清灰方式。袋式除尘器常用有以下几种清灰方式。

1）机械清灰。这是最简单的一种方式，它包括人工振打、机械振打、高频振荡等。清灰时，振打方式有水平振打、垂直振打和快速振动。机械振动袋式除尘器的过滤风速一般取 1.0~2.0m/min，压力损失为 800~1200Pa。

此类型袋式除尘器的优点是工作性能稳定，清灰效果较好；缺点是滤袋常受机械力作用，损坏较快，滤袋检修与更换工作量大。机械清灰袋式除尘器工作过程如图 6-23 所示。

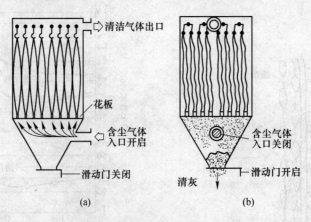

图 6-23 机械振动除尘器工作过程

（a）过滤；（b）清灰

2）逆气流清灰。这种方式是室外或循环空气以与含尘气流相反的方向通过滤袋，使滤袋上的尘块脱落，掉入灰斗中。逆气流清灰有反吹风清灰和反吸风清灰两种工作方式。前者以正压将气流吹入滤袋，后者则是以负压将气流吸出滤袋。清灰气流可以由主风机供给，也可以单独设反吹（吸）风机。逆气流清灰方式的除尘器结构简单，清灰效果好，滤袋磨损少，特别适用于粉尘黏性小、玻璃纤维滤袋的情况。此类型袋式除尘器过滤风速不宜过大，一般为 0.5~2.0m/min，压力损失控制范围为 1000~1500Pa。逆气流清灰袋式除尘器工作过程如图 6-24 所示。

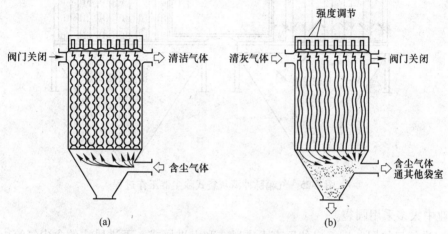

图 6-24　逆气流清灰袋式除尘器工作过程
（a）过滤；（b）清灰

3）脉冲喷吹清灰。这种方式是以压缩空气通过文氏管诱导周围的空气在极短的时间内喷入滤袋，使滤袋产生脉冲膨胀振动，同时在逆气流的作用下，滤袋上的粉尘被剥落掉入灰斗。这种方式的清灰强度大，可以在过滤工作状态下进行清灰，允许的过滤风速高。此种类型的袋式除尘器是利用 4~7atm（1atm=1.013×10^{5}Pa）的压缩空气反吹，压缩空气的脉冲产生冲击波，使滤袋振动，粉尘层脱落必须选择适当压力的压缩空气和适当的脉冲持续时间（通常为 0.1~0.2s）。清灰一次，称为一个脉冲。全部滤袋完成一个清灰循环的时间称为脉冲周期，通常为 60s。气箱脉冲清灰袋式除尘器工作过程如图 6-25 所示。

4）声波清灰。这种方式是采用声波发生器使滤料产生附加的振动而进行清灰的。

（2）含尘气流进入滤袋的方向。含尘气流进入滤袋的方向有向外式和向内式。向外式含尘气流首先进入滤袋内部，由内向外过滤，粉尘积于滤袋内表面。向外式的滤袋外部为干净气体侧，便于检查和换袋。向内式的含尘气流由滤袋外部通过滤料进入滤袋内，净化后的气体由袋内排出。向内式适用于脉冲喷吹和高压气流反吹的袋式除尘器。

（3）除尘器内的压力。除尘器按其压力分为负压式和正压式。负压式除尘系统中的风机置于除尘器的后面，使除尘器处于负压，含尘气流被吸入除尘器中进行净化。负压式的特点是进入风机的气流是已经净化的气流可以防止风机被磨损。正压式除尘系统中的风机置于除尘器的前面，除尘器在正压下工作。正压式的特点是管道布置紧凑，对外壳结构的强度要求不高，但风机易磨损，不适用于浓度高、颗粒粗、硬度大、磨损性强的粉尘。

（4）滤袋形状。滤袋有圆袋和扁袋。前者结构简单，便于清灰。后者占空间小，单位体积内所布置的过滤面积大；但结构和清灰较复杂，换袋困难，滤袋与骨架的磨损较大。

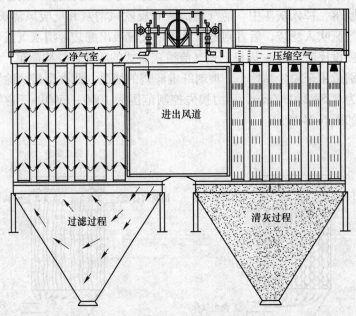

图 6-25 气箱脉冲清灰袋式除尘器工作过程

因此工业中大多采用圆袋。

（5）进气口位置。进气口位置有下进风式和上进风式。下进风式的含尘气流由除尘器下部、灰斗部分进入除尘器内。该方式除尘器结构简单，但气流方向与粉尘下落方向相反，容易使部分细粉尘返回滤袋表面上，降低清灰效果，增加设备阻力。上进风式的含气流由除尘器上部进入除尘器内。该方式的气流与粉尘下落方向一致，下降的气流有助于清灰，设备阻力可降低 15%~30%，除尘效率也有所提高。

（6）滤料。滤料的性能对袋式除尘器的工作具有很大的影响。选择滤料时必须考虑含尘气体的特性和粉尘的气体性质，如温度、湿度、粒径等。良好的滤料应有耐温、耐腐蚀、耐磨、阻力小、使用寿命长、成本低等特点。

滤袋可采用纺织的滤布和非纺织的毡制成。滤布的纺织有平纹、缎纹、斜纹三种形式，如图 6-26 所示。平纹滤布净化效率高，但透气性差，阻力高、难清灰；缎纹滤布透气性好、阻力低，但效率低；斜纹滤布除尘效率和阻力介于平纹和缎纹两者之间，综合性能较好，是最常见的滤布织纹。

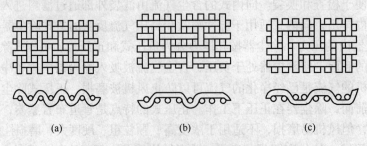

(a)　　　　　　　(b)　　　　　　　(c)

图 6-26 滤袋的纺织形式

（a）平纹；（b）缎纹；（c）斜纹

滤布有以下几种：

1）天然纤维滤布。天然纤维滤布主要包括棉织物、柞蚕丝织物、毛织物等滤布。棉织物常用温度为60~80℃，可用于无腐蚀性气体除尘。柞蚕丝织物使用温度一般不超过90℃，可用于低腐蚀酸性气体。毛织物使用温度一般亦不超过90℃，可用于低腐蚀性气体，滤尘效果最好，但价格较高。

2）玻璃纤维滤布。玻璃纤维滤布一般使用温度为150~200℃，经石墨、有机硅树脂处理后，使用温度可达250℃以上。这种滤布原料广泛、价格低、耐湿性好，同时表面光滑，粉尘容易脱落。其缺点是不耐磨、不耐折，不适于机械和压缩空气振打清灰。

3）化学纤维滤布。化学纤维滤布一般使用温度为80~150℃，定型的有208圆筒涤纶绒布、729号圆筒聚酯滤布和涤纶针刺毡。

化学纤维高温滤布可在180~200℃下工作，国内研制成的有聚苯硫醚纤维和芳矾纶，引进国外原料的有诺米克斯和康泰克斯针刺毡。化学纤维滤布一般抗腐蚀性较好。

6.8.4　袋式除尘器选用原则

（1）烟气和烟尘性质。

1）腐蚀性。烟气中如含有腐蚀性介质，如SO_2、SO_3、Cl_2、F、HF等，须视其含量、含湿量和露点，选用具有一定抗腐蚀能力的滤袋。

2）温度和湿度。滤袋的工作温度，应在滤布的允许范围内，高于烟气露点温度15~20℃。含湿量大的烟气，应考虑滤袋箱的保温。

3）劳动条件。对于无毒无刺激性烟气、烟尘，可考虑正压操作；对于有毒、有刺激性烟气、烟尘，应采用负压操作；对于剧毒、强刺激性烟气、烟尘，应避免采用滤袋收尘。

4）漏风。负压操作的袋式收尘漏风一般为20%~40%，严重时可达50%~80%，甚至超过100%。如果烟气在收尘后需要利用（如SO_2、CO、CO_2等），且对浓度有一定要求或不允许漏风，一般不应采用袋式收尘。

5）烟尘的物理性质。烟尘颗粒愈大，收尘效率愈高，阻力愈低。球状和粒状的烟尘，收尘效果比针状、杆状或放射状的低，但后者烟尘黏结现象比较严重，增加滤袋清理的困难。孔隙度愈大，阻力愈小。

（2）烟尘的经济价值。采用袋式收尘成本较高，因而在选用袋式收尘时，应考虑烟尘的经济价值，与其他收尘方式进行经济比较。

（3）烟气中烟尘浓度。烟尘浓度与滤袋的过滤速度有较大的关系，浓度越大，过滤速度应越小。如含尘浓度超过$20g/m^3$，应预先进行粗收尘。

6.8.5　袋式除尘器特点

6.8.5.1　优点

（1）除尘效率高，特别对粒径$d_c = 1\mu m$的微细粉尘，除尘效率可达99%。

（2）适应性强，可以捕集不同性质的粉尘。例如对高比电阻（也称电阻率，电阻率是用来表示各种物质电阻特性的物理量）粉尘，采用袋式除尘器就比电除尘器优越。

（3）使用灵活，处理风量可以每小时几百立方米到几十万立方米。

（4）结构简单，但加上清灰装置往往使操作和管理技术复杂。

（5）工作稳定，便于回收干料。

6.8.5.2　缺点

（1）耐温、耐腐蚀范围受到限制。

（2）有的滤料吸湿性强，易堵塞。

（3）处理风量大时，占地面积大。

6.8.6　袋式除尘器选型计算

袋式除尘器的种类很多，因此，其选型计算特别重要。选型不当，例如设备选大，会造成不必要的浪费；设备选小会影响生产，难于满足环保要求。

选型计算方法很多，一般来说，计算前应知道烟气的基本工艺参数，如含尘气体的流量、性质、浓度以及粉尘的分散度、浸润性、黏度等。知道这些参数后，通过计算过滤风速、过滤面积、滤料及设备阻力，再选择设备类别型号。

（1）处理气体量的计算。计算袋式除尘器的处理气体量时，首先要求出工况条件下的气体量，即实际通过袋式除尘器的气体量，并且还要考虑除尘器本身的漏风量。如果缺乏必要的数据，可按生产工艺过程产生的气体量，在增加集气罩混进的空气量（20%～40%）来计算。

$$Q = Q_s - \frac{(273 + t_c) \times 101.324}{273 p_a}(1 + K)$$

式中　Q——通过除尘器的含尘气体量，m^3/h；

　　　Q_s——生产过程产生的气体量，m^3/h；

　　　t_c——除尘器内气体的温度，℃；

　　　p_a——环境大气压，kPa；

　　　K——除尘器前漏风系数。

应该注意，如果生产过程产生的气体量是工作状态下的气体量，进行选型比较时则需要换算为标准状态下的气体量。

（2）过滤风速的选取。过滤风速的大小，取决于含尘气体的性状、织物的类别以及粉尘的性质，一般按除尘器样本推荐的数据及使用者的实践经验选取。多数反吹风袋式除尘器的过滤风速在 0.6～1.3m/s 之间。脉冲袋式除尘器的过滤风速在 1.2～2m/s，玻璃纤维袋式除尘器的过滤风速为 0.5～0.8m/s。

（3）过滤面积的确定。

1）总过滤面积。根据通过除尘器的总气量和选定的过滤速度，按下式计算总过滤面积：

$$S = S_1 + S_2 = \frac{Q}{60v} + S_2$$

式中 S——总过滤面积，m^2；

　　S_1——滤袋工作部分的过滤面积，m^2；

　　S_2——滤袋清灰部分的过滤面积，m^2；

　　Q——通过除尘器的总气体量，m^3/h；

　　v——过滤速度，m/min。

　　求出总过滤面积后，就可以确定袋式除尘器总体规模和尺寸。

　　2）单条滤袋面积。单条圆形滤袋的面积，通常用下式计算：

$$S_d = \pi DL$$

式中 S_d——单条圆形滤袋的面积，m^2；

　　D——滤袋直径，m；

　　L——滤袋长度，m。

　　3）滤袋数量。求出总过滤面积和单条滤袋的面积后，就可以算出滤袋条数。

　　如果每个滤袋室的滤袋条数是确定的，还可以由此计算出整个除尘器的室数。常把超过 6 个室（包括 6 个室）的除尘器的室数定为双排，把少于 6 个室的除尘器的各室定为单排。

　　4）阻力计算。袋式除尘器的阻力由设备本体的阻力、滤袋的阻力和滤袋表面粉尘层的阻力 3 部分组成。如果把滤袋及其表面附着的粉尘层的阻力称做过滤阻力，那么过滤阻力可按下式计算：

$$\Delta p_g = (A+B)\, vm$$

式中 Δp_g——过滤阻力，Pa；

　　A——附着粉尘的过滤系数；

　　B——滤袋阻力系数；

　　v——过滤速度，m/min；

　　m——滤料性能系数。

　　除尘器本体的阻力随过滤风速的提高而增大，而且各种不同大小和类别的袋式除尘器阻力均不相同。因此，很难用某一表达式进行计算阻力。一般的，过滤风速为 $0.5 \sim 3m/min$ 时，本体阻力大体在 $50 \sim 500Pa$ 之间。但是在考虑本体阻力时，应同时考虑一定的储备量。

6.8.7 袋式除尘器运行与维护管理

6.8.7.1 初期运行调试

　　袋式除尘器的初期运行，是指启动后两个月之内的运行。这两个月是袋式除尘器容易出毛病的时期，只有在充分注意的情况下，及时排除发现的问题，才能达到稳定运行的目的。

　　（1）处理风量。为了稳定滤袋的压力损失，运行初期往往采用大幅度提供处理风量的办法，让气体顺利流过滤袋。此时如果风机的电动机过载，可用总阀门调节风量。

　　（2）温度调整。用袋式除尘器处理常温气体一般不成问题，但处理高温高湿气体时，初始运行，若不预热，滤袋容易打湿，网眼会严重堵塞，甚至无法运行。另外，滤袋若不充分干燥，往往会出现结露现象。

（3）除尘效率。滤袋上形成一层粉尘吸附层后，滤袋的除尘效率应当更好。这时，由于初期处理风量增加，袋式除尘器处于不稳定状态。运行若干天或 1 个月后除尘效率一般在 99.5%以上。

（4）粉尘的排除。收集在灰斗的粉尘，既可以自动排出也可以手动排出，但必须按顺序排出。

6.8.7.2　正常负荷运行调试

袋式除尘器在正常负荷运行中，运行条件发生改变或出现故障，都将影响设备的正常运行，所以要定期进行检查和适当调节，以延长滤袋的寿命，降低动力费用，用最低的运行费用维持最佳运行状态。

（1）利用测试仪表掌握运行状态。通过仪表数值可以了解以下所列各项情况：

1）滤袋的清灰过程是否发生堵塞，滤袋是否出现破损或发生脱落现象；

2）有没有粉尘堆积现象，风量是否发生变化；

3）滤袋上有无产生结露；

4）清灰机构是否发生故障，在清灰过程中有无粉尘泄漏情况；

5）风机的转数是否正常，风量是否减少；

6）管道是否发生堵塞和泄漏；

7）阀门是否活动灵活，有无故障；

8）滤袋室及通道是否有泄漏。

（2）控制风量变化。风量增加可能引起滤速增大，导致滤袋泄漏破损、滤袋张力松弛等情况。如果风量减少，粉尘容易在管道内沉积，从而又进一步使风量减少，影响粉尘抽吸。

（3）控制清灰的周期和时间。清灰周期与清灰时间依清灰方式不同而各异。最佳状况应该是在最短的时间内有效清灰，使平均阻力接近于水平线。清灰周期和清灰时间对除尘器的影响见表 6-4。

表 6-4　清灰周期和清灰时间对除尘器的影响

周期或时间	清 灰 周 期	清 灰 时 间
较长时	（1）滤袋寿命缩短； （2）能耗增加	（1）产生泄漏； （2）成为滤袋堵塞的原因； （3）滤袋的寿命缩短； （4）驱动部分的寿命缩短
较短时	（1）发生泄漏； （2）滤袋的寿命缩短； （3）经常有处于清灰中的分室，作为整体则阻力增高	（1）一开始收尘作业，阻力立即增高； （2）阻力继续增高，影响运行

（4）维护正常阻力。袋式除尘器借以压力计判断压差大小，反映正常运转时的压差数

值。如压差增高，意味着滤袋堵塞、滤袋上有水汽冷凝、清灰机构失败、灰斗积灰过多等。如压差降低，则意味着出现了滤袋破损或松脱、入风侧管道堵塞或阀门关闭、箱体或各分室之间有泄漏现象、风机转速减慢等情况。

6.8.7.3 维护管理

在设备运转中，不管是密闭型的还是开放型的，都绝对禁止有毒、有害气体进入系统。在设备停止运转的时候，也要用空气把系统内部的气体置换出去，如果认为有害气体仍有存在，就要利用仪器检查（但不宜单人操作，否则，有问题不能及时发现，造成很大的事故），确认安全后，方可作业。

（1）箱体维护管理。

1）外部维护。外部维护主要是检查油漆、漏雨、螺栓及周边密封情况。对于高温、高湿气体来说，为了防止结露和确保安全，一般在外部都有保温层。

2）内部维修。箱体内侧处于一个容易结露、附着粉尘以及气体溶解后可能造成腐蚀的环境之中。钢板之间及钢板与角钢之间的焊接部分、安装滤袋的花板边缘等都是易被腐蚀的部位。因此，箱体内部的维修主要是要注意选择能耐腐蚀的涂料，及时涂装在易腐蚀或已腐蚀的部位。

3）缝隙维修。随着时间的延长，有的密封垫会老化变质，损坏脱落，造成漏风加剧。在维修时，发现上述现象要认真对待，或更换、或堵漏，要尽量避免漏风。

（2）阀门维护管理。使用的阀门，要求其密封性能良好，有的还要求它能保持规定的位置不变。如振动式清灰的换向阀门密封性不好，而使清灰效果不佳，助长了滤袋的破损。

（3）灰斗维护管理。灰斗是积存粉尘的装置。灰斗积存粉尘太多，会堵塞入风口，成为通风不畅的原因，故要经常使之处于近乎排空的状态。如果从排灰口吸入雨水与湿气时，有可能造成粉尘固结于灰斗内壁，形成排灰口堵塞，所以必须使排灰口密封完好。

粉尘大量存积于灰斗的主要危害是：

1）阻力增大，处理风量减少。

2）已落入的粉尘又被吹起，能使滤袋堵塞。

3）使入口管堵塞，灰斗的粉尘有架桥现象，造成排灰困难。

4）滤袋中进入粉尘可造成滤袋破损、伸长、张力降低等。

（4）清灰机构维护。清灰机构的作用在于把滤袋上的粉尘有效地清下来，保证袋式除尘器的正常运行。其维护的要点主要包括以下内容：

1）检查并确认动作程序。检查一个振动清灰循环是否按规定的动作程序进行工作。

2）检查清灰室的阀门开关。如果阀门没有关闭，就要流入部分气体，使滤袋在鼓气的状态下振动，这样不仅清灰不充分，而且还会缩短滤袋寿命。

3）检查振动机构动作状况。主要应注意有无异常声音。

4）要注意滤袋的安装状况。滤袋的安装方法不当就会出现排气筒向外冒烟、除尘器阻力降低或增高、滤袋破损或助长滤袋破损、从滤袋安装部位漏尘、滤袋脱落掉下、除尘系统吸尘罩吸风作用变差、清灰作用变坏、滤袋脱落等现象。

（5）滤袋的维护管理。

1）用肉眼观察排气口的烟尘情况。从排气口如果能看到排出烟尘时，说明有滤袋破损。

2）观察判断滤袋的使用和磨损程度，看有无变质、破坏、老化、穿孔等情况。

3）观察滤袋非过滤面积的积灰情况。

4）检查滤袋有无互相摩擦、碰撞情况。

5）检查滤袋或粉尘是否潮湿或者被淋湿，发生黏结情况。

6.9　湿式除尘器

湿式除尘是以水与粉尘直接接触，利用液滴或液膜黏附粉尘而净化气体的一种除尘方式。对于亲水性好、有毒、有刺激性的粉尘，采用这种除尘方式，对提高除尘效率和改善劳动条件都具有很大的意义。

6.9.1　湿式除尘器除尘机理

（1）通过惯性碰撞和截留，尘粒与液滴或液膜发生接触。

（2）微细尘粒通过扩散与液滴接触。

（3）加湿的尘粒相互凝并。

（4）饱和状态的高温烟气在湿式除尘器内凝结时，要以尘粒为凝结核，可以促进尘粒的凝并。

6.9.2　湿式除尘器的特点

其主要优点是：

（1）设备简单、制造容易。

（2）除尘效率高。

（3）具有除尘、降温、增湿、除雾沫及吸收等效果。

（4）劳动条件好。

（5）能富集有价金属。

其缺点是：

（1）泥浆处理复杂。

（2）用水量多。

（3）污水排放时需经过处理。

（4）处理含腐蚀性气体时，设备和管路需防腐。

（5）在寒冷地区使用时需要保温。

6.9.3　常用的湿式除尘器

湿式除尘器的种类很多，下面介绍常用的几种。

（1）水浴式除尘器。它是湿式除尘器中结构最简单的一种，如图 6-27 所示。含尘气体进入后，在喷头处以高速喷出，冲击水面，激起大量水花和雾滴，粗大的尘粒随气流冲入水中而被捕集，细小的尘粒随气流折转360°向上时，通过与水花和雾滴接触而被除下，净化后的气体经挡水板脱水后排出。

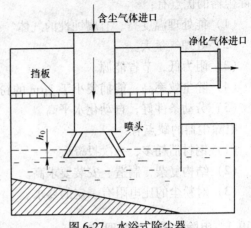

图 6-27　水浴式除尘器

水浴式除尘器的结构简单，可用砖或钢筋混凝土砌筑，耗水量小（0.1～0.3L/m³），适合中小型工厂采用，但对微细粉尘的除尘效率不高，泥浆处理比较困难。

（2）冲击式除尘器。冲击式除尘器的结构如图 6-28 所示。含尘气体进入除尘器后转弯向下，冲击水面，粗大的尘粒被水捕集直接沉降在泥浆斗内，未被捕集的微细尘粒随着气流高速通过 S 形通道（由上下两叶片间形成的缝隙），激起大量水花和水雾，使粉尘与水充分接触，得到进一步净化，净化后的气体经挡水板排出。

（3）立式旋风水膜除尘器。立式旋风水膜除尘器的结构如图 6-29 所示。含尘气流沿切线方向进入除尘器，水在上部由喷嘴沿切线方向喷出，由于进口气流的旋转作用，在除尘器内表面形成一层液膜。粉尘在离心力作用下被甩到筒壁，与液膜接触而被捕集，从而尘气分离，粉尘由底部排污口排出。

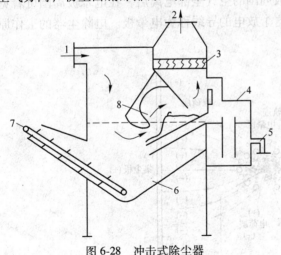

图 6-28　冲击式除尘器

1—含尘气体进口；2—净化气体出口；3—挡水板；4—溢流管；
5—溢流口；6—泥浆斗；7—刮板运送机；8—S 形通道

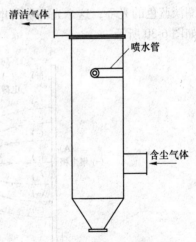

图 6-29　立式旋风水膜除尘器

6.10　电除尘器

电除尘器又称静电除尘器，是利用电场产生的静电力使尘粒从气流中分离的除尘设备。电除尘器广泛应用于冶金、化工、水泥、建材、纺织等部门，是一种高效除尘器。

电除尘器的优点有：

（1）能处理温度高、有腐蚀性的气体。

（2）处理气量大。

（3）阻力低，节省能源。

（4）除尘效率高，能捕集小于 $1\mu m$ 的粉尘。

（5）劳动条件好，自动化水平高。

电除尘器的缺点有：

（1）钢材消耗多，一次投资大。

（2）结构复杂，制造、安装要求高。

（3）对粉尘的比电阻有一定的要求。

6.10.1　电除尘器工作原理

由于辐射、摩擦等原因，空气中含有少量的自由离子，单靠这些自由离子是不可能使含尘气体中的尘粒充分荷电的，因此，电除尘器内设置高压电场。在电场的作用下，空气中的自由离子向两极移动，电压越高，电场强度越高，离子的运动速度越快。由于离子的运动，极间形成了电流，开始时电流较小，电压升到一定值后，电晕极附近的离子获得了较高的能量和速度，它们撞击空气中的中性原子时，中性原子分解成正、负离子，这种现象称为空气电离。空气电离后，由于连锁反应，在极间运动的离子数大大增加，表现为极间的电流急剧增加，空气成了导体，电晕极周围的空气全部电离后，在电晕极周围可看见一圈淡蓝色的光环，这个光环称为电晕，这个放电的导线称为电晕极。电除尘器的工作原理如图 6-30 所示。

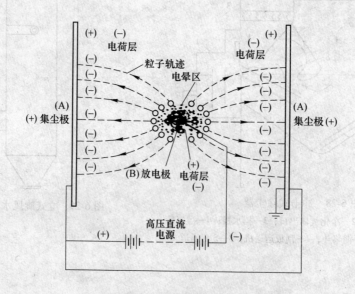

图 6-30　电除尘器工作原理

在离电晕极较远的地方，电场强度小，离子的运动速度也较小，那里的空气还没有被电离。如果进一步提高电压，空气电离的范围逐渐扩大，最后极间空气全部电离，这种现象称为电场击穿，电场击穿时发生火花放电，电场短路，电除尘器停止工作。因此，电晕范围不宜过大，一般应局限于电晕极附近。

如果电场内各点的电场强度是不等的，这个电场称为不均匀电场。电场内各点的电场强度都是相同的电场称为均匀电场。在均匀电场内，只要某一点的空气电离，极间空气便全部电离，电除尘器发生击穿，因此，电除尘器内必须设置不均匀电场。

电除尘器的电晕范围通常局限于电晕线周围几毫米处，电晕区以外的空间称为电晕外区。电晕区内的空气电离后，正离子很快向负极移动，只有负离子才会进入电晕外区，向阳极移动。含尘空气通过电除尘器时，由于电晕区的范围很小，只有少量的粒子在电晕区通过获得正电荷沉积在电晕极上，大多数尘粒在电晕外区通过获得负电荷，最后沉积在阳极上，这就是阳极板称为集尘极的原因。

电除尘器的基本工作过程是：空气电离→尘粒荷电→尘粒向集尘极移动并沉积在上面→尘粒放出电荷，振打后落入灰斗。

电除尘器一般采用负电晕极，负电晕极的起晕电压低（刚开始产生电晕的电压称为起晕电压）、击穿电压高。另外负离子的运动速度要比正离子大，因此采用负电晕极有利于提高除尘效率。用于通风空调进气净化的电除尘器，为了避免负电晕产生的臭氧进入人居住和工作的地点，一般采用正电晕。

6.10.2　电除尘器分类

电除尘器按集尘极形式分为管式和板式；按气流流动方式分为立式和卧式；按清灰方式分为干式和湿式。其具体分类详见表6-5。

表 6-5　电除尘器的分类

分类方式	设备名称	特　性	特　点
按清灰方式	干式电除尘器	收下的烟尘为干燥状态	(1) 操作温度为250~400℃或高于烟气露点温度20~30℃； (2) 可用机械振打、电磁振打和压缩空气振打等
	湿式电除尘器	收下的烟尘为泥浆状	操作温度较低，一般烟气需先冷却降温至40~70℃，然后进入湿式收尘器
	电除雾器	用于含硫烟气制硫酸过程捕集酸雾，收下物为稀硫酸和泥浆	(1) 清除收尘电极上烟尘采用连接供水方式，清除电晕电极上烟尘采用间断供水方式； (2) 由于内有烟尘再飞扬现象，烟气流速可较大； (3) 定期用水清除收尘电极和电晕电极上的烟尘和酸雾； (4) 操作温度低于50℃
按烟气流动方向	立式电除尘器	烟气在电除尘器中的流动方向与地面垂直	(1) 收尘电极和电晕电极须采取防腐措施； (2) 烟气分布不易均匀； (3) 占地面积小
	卧式电除尘器	烟气在电除尘器中的流动方向和地面平行	(1) 烟气出口设在顶部直接放空，可节省烟管； (2) 可按生产需要适当增加电场数； (3) 各电场可分别供电，避免电场间互相干扰，以提高收尘效率

分类方式	设备名称	特 性	特 点
按收尘电极形式	管式电除尘器	收尘电极为圆管、蜂窝管	(1) 便于分别回收不同成分、不同粒级的烟尘，分类富集； (2) 设备高度相对低，便于安装盒检修； (3) 烟气分布比较均匀； (4) 可负压操作，风机寿命长，劳动条件好，占地面积较大； (5) 电晕电极和收尘电极间距相等，电场强度比较均匀； (6) 清灰较困难，不宜用作干式电除尘器，一般用作湿式是电除尘器
	板式电除尘器	收尘电极为板状，如网、棒帷、槽形、波形等	(1) 通常为立式； (2) 电场强度不够均匀； (3) 清灰较方便
按使用温度	低温电除尘器	进入电收尘的烟气温度低于150℃	(1) 制造安装较容易； (2) 烟气易结露，造成设备腐蚀与黏接
	中温电除尘器	烟气温度为150~300℃	属常规电除尘器，应用范围广
	高温电除尘器	进入电除尘器温度300~500℃	(1) 电除尘器易变形； (2) 需部分或全部使用耐热钢制作
按收尘电极和电晕电极的配置	单区电除尘器	收尘电极和电晕电极布置在同一区域内	(1) 荷电和收尘过程的特性未充分发挥，收尘电场较长； (2) 烟尘重返流后可再次荷电，收尘效率高
	双区电除尘器	收尘电极和电晕电极布置在两个不同区域内	(1) 荷电和收尘过程分别在两个区域内进行，可缩短电场长度； (2) 烟尘重返流后无再次荷电机会，收尘效率低； (3) 可捕集高比电阻粉尘
按极距宽窄（供电电压高低）	常规极距电除尘器	极距一般为200~325mm，供电电压45~66kV	(1) 安装、检修、清灰不方便； (2) 离子风小，烟尘驱进速度低； (3) 适用于烟尘比电阻为 $10^4 \sim 10^{10}\Omega \cdot cm$； (4) 使用比较成熟，实践经验丰富
	宽极距电除尘器	极距一般为400~1000mm，供电电压72~200kV	(1) 安装、检修、清灰比较方便； (2) 离子风大，烟尘驱进速度大； (3) 适用于不超过500mm，可节省材料

6.10.3 影响电除尘器性能主要因素

（1）粉尘比电阻。粉尘比电阻是决定能否经济、高效地使用电除尘器捕集粉尘的判定条件。适宜的粉尘比电阻是 $10^4 \sim 10^{10}\Omega \cdot cm$。

低于 $10^4 \Omega \cdot cm$ 的粉尘称为低比电阻粉尘。这类粉尘荷电后移至集尘极并立即失去电荷，同时受静电感应，获得与集尘极同极性电荷，而被排斥脱离集尘极，然后又移至电晕电极重新荷电，如此循环称作粉尘跳跃现象，这种现象导致除尘效率下降。黏性大或呈液体的微粒等无跳跃现象，因而不影响除尘效率。

比电阻高于 $10^{10}\Omega\cdot cm$ 粉尘称为高比电阻粉尘。这类粉尘荷电后移至集尘极难以放出电荷，积蓄在电极上的粉尘形成层内外电位差，达到一定值时，粉尘层被击穿，这就是反电晕现象。发生反电晕的区域向空间放出与集尘极同极性电荷。阻止荷电粉尘向集尘极移动，使除尘效率下降。

影响粉尘比电阻的因素有：

1) 温度。在湿度、烟气成分和烟尘成分不变的情况下，温度升高，分子热运动增强，某些粉尘比电阻下降。

2) 湿度。增加烟气湿度可降低烟尘比电阻，因此为改善电除尘器捕集高比电阻烟尘的能力，常采用喷雾增湿的方法。增湿常使烟气温度下降，为保证电除尘器的正常作业，烟气温度要高于露点 20~30℃（湿式电除尘器除外）。

3) 烟气成分。烟气中三氧化硫和水分能改善烟尘的导电性。烟尘比电阻的峰值一般为 100~200℃，据此可制成冷电极或热电极除尘器。冷电极电除尘器可节省电能，但不适于含硫烟气，以免引起腐蚀，重有色冶金工厂不宜采用。向烟气中加入水、二氧化硫等物质，可以提高烟尘表面导电率。三氧化硫、氨、钠盐、氨基酸、硫酸铵等皆可起到调质作用，化学调质剂一般加入量仅十万分之几。

（2）粉尘粒径。粒径的大小影响粉尘的驱进速度，因而关系到除尘效率。这是由于电荷与质量的比值不同所致。粒径大于 $0.5\mu m$ 的粉尘主要是电场荷电，小于 $0.2\mu m$ 的主要是扩散荷电，$0.2~0.5\mu m$ 的粉尘驱进速度最低。粒径大的粉尘驱进速度大。当粗细粉尘同时存在时更有利于捕集细颗粒粉尘。烟气含尘量不太高时，电除尘器前一般不宜设除去粗粒的除尘设备。

（3）烟气温度和压力。烟气温度高使自身密度降低，导致电晕电极附近空间的电荷密度下降，击穿电压和电场强度均随之降低，使降尘效率受到影响。但是烟气温度升高可以改善烟尘的导电性，也有其利于提高除尘效率的一面。因此，应根据烟尘、烟气性质选择适宜的操作温度。

烟气温度对设备结构有影响。烟气温度在 400℃ 左右时可使用普通钢材；温度更高时须使用耐热钢；含硫烟气温度低于露点时，须采用不锈钢；低温烟气除尘器采用蒸气保温以防烟尘黏结，影响烟尘的清除。高温烟气的电除尘器须注意设备的热膨胀。

负压操作时烟气密度降低，使击穿电压和电场强度下降。由于电除尘器操作负压不大，其影响可忽略不计。正压操作烟气密度提高，可升高击穿电压和电场强度。

负压大、漏风率高，须加强设备结构的刚度和密封。

正压操作如有漏气，绝缘装置会被烟尘污染，使供电电压被迫降低，影响收尘效率。一般采取正压热风清扫，保证绝缘装置的清洁。

（4）烟气含尘量。烟气含尘超过一定数量会严重抑制电晕电流的产生，烟尘不能获得足够的电荷，除尘效率下降。一般控制电除尘器入口烟气含尘不大于 $50g/m^3$，有色冶金工厂不宜大于 $30g/m^3$。

（5）烟气成分。烟气中的水分、三氧化硫、氨等可降低烟尘的比电阻，同时烟气成分对电除尘器的伏安特性和火花放电电压也有很大影响，不同的烟气成分在电晕放电中使电荷载体有不同的有效迁移率。

6.10.4　电除尘器结构

电除尘器的结构由除尘器本体、除尘器电源、附属设备三大部分组成。

6.10.4.1　电除尘器本体结构

电除尘器本体由气流分布装置、电晕极、集尘极、清灰装置和灰斗所组成，如图 6-31 所示。

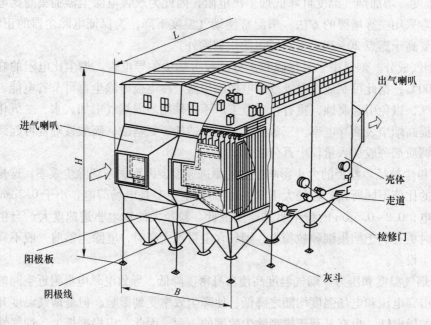

图 6-31　电除尘器本体结构

（1）气流分布装置。为防止烟尘沉积，电除尘器入口烟管气流速度一般为 10~15m/s，电除尘器内气体流速仅 0.5~2m/s。气流通过断面变化大，而且当烟管与电除尘器入口中心不在同一中心线时，可引起气流分离，产生气喷现象并导致强紊流形成，影响收尘效率，故须改善电除尘器内烟气分布的均匀性。改善烟气分布可采取导流板、分布板或阻流板等措施。

1）导流板。导流板可力求保持气流原来稳定的流动状态。理想的导流板为流线型。导流板应中部较厚、两端较薄。导流板设于气流改变方向或断面改变处，电除尘器导流板设置在进出口。导流板可单独设置或可与分布板组合设置。

2）气流分布板。气流分布板的结构形式如图 6-32 所示。设分布板是改善气流均匀分布的主要方法，可在较小的压降下使大旋涡变成小旋涡。

电除尘器进口处气流分布板的层数一般为 2~3 层，出口处为单层。电除尘器出口处的分布板除可以调整气流分布外，还有吸尘功能。近年来广泛用槽形板代替以往的多孔板。槽形板可减少烟尘因流速较大而重返烟气流的现象。

3）阻流板。阻流板用于防止烟气从灰斗、电场侧部、顶部等穿过。这部分烟气未经

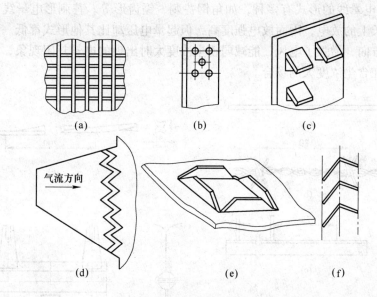

图 6-32　气流分布板的结构形式

（a）条栅式；（b）多孔板式；（c）鱼鳞式；（d）锯齿式；（e）X 型孔板式；（f）折板式

电场区净化，影响收尘效率。

（2）收尘电极。收尘电极分为管式和板式两类。

1）管式收尘电极。管式收尘电极的电场强度较均匀，但清灰困难，用于干式电除尘器，一般很少采用。湿式电除尘器或电除雾器多采用管式收尘电极。管式收尘电极有圆形管和蜂窝形管。后者虽可节省材料，但安装和维修较困难，较少采用。

2）板式收尘电极。板式收尘电极可分为网状收尘电极、鱼鳞状收尘电极、棒帷式收尘电极、袋式收尘电极和管帷式收尘电极，收尘极板的形式如图 6-33 所示。

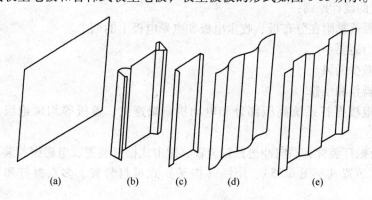

图 6-33　收尘极板的形式

（a）平板形；（b）Z 形；（c）C 形；（d）波浪形；（e）曲折形

（3）电晕电极。电晕电极有圆形线、星形线、绞线、螺旋线等，如图 6-34 所示。

1）光圆线的放电强度随直径变化，即直径愈小，起晕电压愈低，放电强度愈高。

2）星形电晕线四面带有尖角，起晕电压低，放电强度高。星形电晕线比较耐用，且容易制作。

3）芒刺形电晕线的形式有多种，如角钢芒刺、锯齿形等。芒刺形电晕线以尖端放电代替沿极线全长上的放电，因而放电强度高，但起晕电压却比其他形式都低。由于芒刺线在尖端的伸出方向，增强了电风，能减弱粉尘浓度大时出现的电晕封闭现象，因此芒刺形电晕线适于用在含尘浓度大的场合。

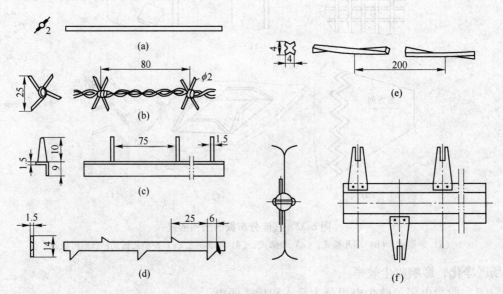

图 6-34　电晕极形式

（a）圆形线；（b）针刺线；（c）角钢芒刺；（d）锯齿线；

（e）扭麻花星形线；（f）R-S 线

（4）振打装置。振打装置的作用是振落分布板、收尘电极和电晕电极上黏附的烟尘，避免烟尘堵塞分布板而产生反电晕和电晕闭锁现象。

振打装置的设计原则：

1）保证振落黏附在分布板、收尘电极和电晕电极上的烟尘。

2）传动力矩要小。

3）尽量减少漏风。

4）便于操作和维修。

5）电晕电极振打系统高压部分和电动机、减速机、盖板等均须绝缘良好，并设接地线。

收尘电极振打装置有横向冲击振打装置、撞击式振打装置、电磁振打装置、挂锤（绕臂锤）式振打装置（见图 6-35）、压锤（拨叉）式振打装置、多点振打和双向振打装置多种。

电晕电极振打装置有顶部振打装置和侧部振打装置（见图 6-36）。

（5）电晕电极支撑绝缘装置。电晕电极支撑绝缘装置如图 6-37 所示。

6.10.4.2　电除尘器电源

外电输入单相或三相交流电（我国生产的电源大多以单相 380V、50Hz 交流电作为电源输入），经过电压调整、升压整流后，向除尘器输入高压直流电。

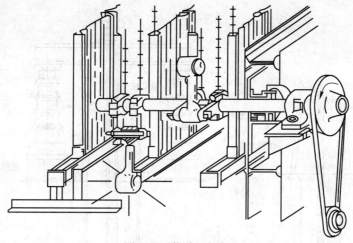

图 6-35 绕臂锤振打

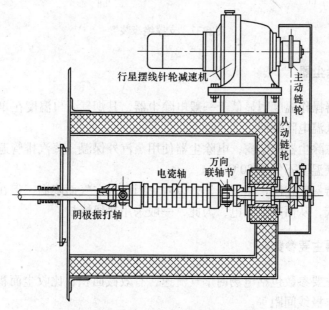

图 6-36 电晕极的侧部振打装置

为了提高除尘效率,应尽可能提高运行电压。但由于粉尘浓度、气体的温度、湿度、清灰等因素无时无刻不在变化,所以运行电压也要随着变化,因此必须采用自动控制装置,以维持最高的运行电压。

高压供电设备应满足以下要求:

(1) 提供粒子荷电和捕集所需要的高场强和电晕电流。

(2) 供电设备必须十分稳定,希望工作寿命在 20 年以上。通常高压供电设备的输出峰值电压为 70~1000kV、电流为 100~2000mA。

(3) 为使电除尘器能在高压下工作,避免过大的火花损失,高压电源不能太大,必须分组供电。增加供电机组的数目,减少每个机组供电的电晕线数,能改善电除尘器性能,但投资增加。必须考虑效率和投资两方面因素。

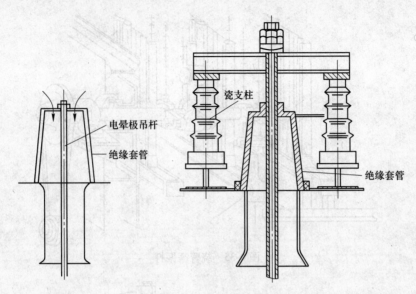

图 6-37　支撑绝缘装置

6.10.5　低温电除尘器

低温电除尘器操作温度明显低于一般电除尘器，其烟气入口温度在 80℃ 左右。气流干燥电除尘器即为低温电除尘器。

为防止烟气在除尘器中结露，电除尘器使用蒸汽外保温，蒸汽排管遍布电除尘器外壳及灰斗，保持内壁温度不低于 80℃。

低温电除尘器一般在微正压下工作，以避免因漏入空气而降温。但在正压下工作，阴极绝缘子容易粘灰，从而产生放电，为此，一般采用热风清扫。

6.10.6　电除尘器主要参数

电除尘器的主要参数包括电场内烟气流速、有效截面积、比收尘面积、电场数、电场长度、极板间距、极线间距等。

（1）电场烟气流速。在保证收尘效率的前提下，流速应大些，以便减小设备，节省投资。有色冶金工厂电除尘器的烟气流速一般为 0.4~1.0m/s。流速的选择也与收尘器结构有关：对无挡风槽的极板、挂锤式电晕电极，烟气流速不宜过大；对槽极板或有挡风槽、框架式电晕电极，烟气流速可大一些，烟气流速与极板、极线形式的关系见表 6-6。

表 6-6　烟气流速与极板、极线形式的关系

序号	收尘极形式	电晕电极形式	烟气流速/m·s⁻¹
1	棒帏状、网状、板状	挂锤电极	0.4~0.8
2	槽型（c 型、z 型、cs 型）	框架式电极	0.8~1.5
3	袋式、鱼鳞状	框架式电极	1~2
4	湿式电除尘器、电除雾器	挂锤式电极	0.6~1

烟气流速影响所选择的收尘器断面，同时也影响收尘器的长度，在烟气停留时间相同时，流速大则需较长的收尘器，在确定流速时，也应考虑收尘器放置条件和收尘器本身的长宽比例。

由于电场中烟气速度提高时，可以增加驱进速度，因此，烟气速度并非越低越好，烟气速度的确定应以达到最佳综合技术经济指标为准。

（2）电除尘器的截面积。截面积根据工况下的烟量和选定的烟气流速按下式计算：

$$F = \frac{Q}{v}$$

式中　F——电除尘器截面积，m^2；

　　　Q——进入电除尘器的烟量（应考虑设备漏风），m^3/s；

　　　v——电除尘器截面积上的烟气流速，m/s。

电除尘器截面积也可按下式计算：

$$F = HBn$$

式中　F——电除尘器截面积，m^2；

　　　H——收尘电极高度，m；

　　　B——收尘电极间距，m；

　　　n——通道数。

电除尘器截面的高宽比一般为 $1\sim1.3$。高宽比太大，设备稳定性较差，气流分布不均匀；高宽比太小，设备占地面积大，灰斗高，材料消耗多，为弥补这一缺点，可采用双进口和双排灰斗。

（3）比收尘面积。根据多依奇公式，处理烟气量一定，烟尘驱进速度一定时，收尘极板总面积是保证收尘效率的唯一因素。收尘极板面积越大，收尘效率越高，钢材消耗量也相应增加，因此，选择收尘极板面积要适宜。比收尘面积即处理单位体积烟气量所需收尘极板面积，它是评价电除尘器水平的指标。比收尘面积与其他参数的关系为：

$$\frac{A}{Q} = \frac{1}{W}\ln\frac{1}{1-\eta}$$

式中　$\dfrac{A}{Q}$——比收尘面积，$m^2/(m^3 \cdot s)$；

　　　W——烟尘驱进速度，m/s；

　　　η——除尘效率，%。

实际生产中常用比收尘面积为 $10\sim19.5m^2/(m^3 \cdot s)$。驱进速度小，收尘效率要求高时，应选取较大值；反之可用较小值。收尘极板面积是指其投影面积而不是展开面积。

（4）电场数。卧式电除尘器常采用多电场串联，在电场总长度相同情况下，电场数增加，每一电场电晕线数量相应减少，因而电晕线安装误差造成的影响也少，从而可提高供电电压、电晕电流和收尘效率。

串联电场数一般为 $2\sim5$ 个，有色冶金工厂电除尘器一般为 $3\sim4$ 个，个别使用 5 个。

（5）电场长度。各电场长度之和为电场总长度。一般单个电场长度为 $2.5\sim6.2m$，其中 $2.5\sim4.5m$ 为短电场，$4.5\sim6.2m$ 为长电场。有色冶金工厂电除尘器多为短电场。短电场振打力分布比较均匀，清灰效果好。长电场根据需要可采取两侧振打，极板高的电除尘器可采用多点振打。

（6）极距、线距、通道数。20 世纪 70 年代前，有色冶金工厂电除尘器极板间距一般为 260~325mm。20 世纪 70 年代后，开始使用宽极板电除尘器，极板间距扩至 400~600mm，有的达 1000mm。截面积相同时，极距加宽，通道数减少，收尘极板面积亦减小，当提高供电电压后烟尘驱进速度加大，能够提高高比电阻烟尘的收尘效率，故对高比电阻烟尘，选用极距为 450~500mm，配用 72kV 电源即能满足供电要求。继续加大极距，则需配备更高的供电设备。

电除尘器的通道数按下式计算：

$$N = \left(\frac{F}{H} - 2S \right) \Big/ B$$

式中　　N——通道数；

F——收尘器截面积，m^2；

H——收尘极板高度，m；

B——极板间距，m；

S——最外边收尘极板中心至外壳内壁距离，m。

6.10.7　电除尘器操作与维护

6.10.7.1　电除尘器操作规程

电除尘器的操作规程如下：

（1）电场通入烟气后，温度上升至 150℃ 以上，整流机组投入运行。

（2）阴阳极振打投入运行。

（3）加热器投入运行。

（4）炉窑停烟气时，整流机组、加热器相应停车，但振打必须延长一个班。

（5）整流车开车步骤如下：

1）将电场高压隔离开关柜刀闸打到合闸位置，并将柜门上连锁开关打到闭合位置。

2）合上整流控制柜门上电源开关，控制柜"电源"灯亮。

3）按下整流控制柜门上启动按钮，控制柜"运行"灯亮。

4）在上位机上逐步调整整流车的电流极线（调节范围"0~100"），二次电压和二次电流达到规定值，电场运行在最佳状态。

（6）整流车停车步骤如下：

1）在上位机上逐步降低整流车的电流极线至"0"。

2）按下整流控制柜门上停止按钮，控制柜"停止"灯亮。

3）断开整流控制柜门上电源开关，控制柜"电源"灯灭。

4）将电场高压隔离开关柜刀闸打到接地位置，并将柜门上连锁开关打到断开位置。

6.10.7.2　电除尘器维护规程

电除尘器的维护规程如下：

（1）整流室开车前应对硅整流器、高压开关控制线路进行检查。

（2）新电除尘器投产或停车超过 10 天，应用烟气慢慢预热电场。

（3）电除尘器开车时，一般电场温度升到 150℃ 以上方可开车。

（4）经常检查各种仪表和指示灯是否正常，经常检查硅整流器和其他设备是否放电或没油，若有问题及时汇报处理。

（5）设备不允许空载运行。

（6）要求设备的接地线安全可靠，电阻不得大于 4Ω，接地线不得小于 16mm²。

（7）保持硅整流器室内清洁，减少灰尘和腐蚀性气体，每周彻底清扫一次整流器变压器、高压瓷瓶及环境卫生。

（8）每年对高压整流机组油分析一次。

（9）每周检查一次高压变压器的油位，油位不得低于油标下限，也不得高于油标上限。

（10）在运行时发现临界油温灯亮，岗位人员必须认真检查和注意观察，如发现危险油温灯亮，必须立即停车及时汇报处理。

6.10.7.3 电除尘器高压区域的安全操作规程

（1）在进入电场前，必须填写好停送电通知单，并亲眼看见停车挂牌后，方可进入电场。

（2）当需要打开高压开关箱门时，必须填写停送电通知单，亲眼看见停车、挂牌并切断安全开关后方可进入。

（3）当分合高压开关箱内高压开关时，只能用分合闸手柄操作。

（4）在处理阴极振打箱内积灰及擦拭电瓷轴前，必须填写停送电通知单，亲眼看见停车、挂牌并切断安全开关后方可进行处理。

（5）在打开石英管保温箱之前，必须填写停送电通知单，亲眼看见停车、挂牌并切断安全开关后方能打开。

（6）以上各项需要开车送电时，必须要有要求停电者本人填写的送电通知单方能开车。

（7）进入高压区和对高压设备检修前必须对高压设备进行放电并做安全接地线，在送电试车或送电运行前拆除接地线。

6.10.7.4 电除尘器常见故障及处理方法

电除尘器常见故障及处理方法见表 6-7。

表 6-7 电除尘器常见故障及处理方法

序号	故障	原因	处理方法
1	电场电源开关合闸后立即跳闸，或者电流大而电压接近零	电晕线掉落，与阳极板接触	装好或更换掉落的电晕线
		绝缘子被击穿	更换被击穿的绝缘子
		排灰阀或排灰系统失灵，灰斗灰满，灰尘接触电晕极下部	清除积灰，修好排灰阀或排灰系统
		阴阳极之间搭桥	清理锈片等搭桥物
		高压隔离开关处于接地状态	拨正开关位置

续表 6-7

序号	故　障	原　因	处理方法
2	电场电压、电流表指针左右摆动，时而出现跳闸	电晕线折断或电极变形	剪去电晕线的残留段或更换上新线，调整或更换变形电极
		通过电场的烟气物理性质发生变化	针对生产工艺方面的问题解决
		阴阳极局部地方黏附粉尘过多	除去阴阳极上黏附过多的粉尘
		绝缘子和绝缘板绝缘不良	清扫绝缘子，检查保温及电加热器是否失灵，并排除故障
		铁片、铁锈片脱落造成局部短路	去掉引起短路的铁锈、铁片
3	电场电流正常或偏大，电压升到比较低的数值就产生火花并击穿	集尘极和电晕极之间距离局部变小	检查并调整极间距
		有杂物落在或挂在极板或电晕线上	清除杂物
		保温箱或绝缘子室温度不够，绝缘子受潮绝缘电阻下降	擦净绝缘子，采取改进措施，使之避免受潮
4	电场电流小，电压升不上去或升高即跳闸	极间距偏离标准值过大	检查并调整极间距
		灰尘堆积使极间距改变	调整振打频率，清除积灰
		电晕线松动，振打时摇动	检查并紧固电晕线
		漏风引起烟气量上升使极间距变化	检查电除尘器本体，排除漏风点
		气流分布板孔眼堵塞，气流分布不均匀引起极板振动	调整分布板振打频率，清除积灰
		回路中接地不良	电工检查接地线路，排除故障
5	电场电压正常，电流很小或接近零，或电压升高到正常的电晕始发电压时，仍不产生电晕	极板或极线上积灰过多，振打装置失灵或忘记振打	清除积灰，修好振打装置，定期振打
		电晕线肥大，放电不良或电晕线表面产生氧化，使电极"包覆"	针对具体情况，采取改进措施，避免电晕肥大
		烟气粉尘浓度太高，出现电晕封闭	降低烟气中粉尘浓度，降低风速，或提高工作电压
		高压回路中开路，或接地电阻过高，高压回路循环不良	查出原因并修复
6	电场除尘效率下降，烟囱排放超标	烟气参数不符合设计条件	改善烟气状况
		漏风太多，使风量猛增	检查漏风原因，并修复之
		气流分布板堵塞，气流分布不均	清理积灰并调整振打周期
		电压自调系统灵敏度下降或失灵，实际操作电压下降	更换元件，并重新调整自控系统
		清灰装置不良动作有误	修复清灰装置
7	电场排不出灰或排灰不畅	排灰阀故障，如用气动阀，可能气源不足	检查排灰阀，排除故障，注意检查驱动装置
		灰斗篷灰，粉尘潮湿或振打力偏小	检查篷灰，打开振打器振打调整，或清扫灰斗
		输灰装置出现故障	检修输灰装置，消除故障

序号	故　障	原　因	处理方法
8	电场有一次电压、电流，无二次电压、电流	控制柜内某元件损坏，或导线在某处接地	查找损坏元件，更换，检查导线连接状况，排除故障
		硅整流器击穿	更换硅整流器
		毫安表本身指针卡住	检查并修复毫安表
9	电场阴极吊挂保温箱内有丝丝响声或放电声	绝缘瓷套筒内部黏灰太多	擦净瓷套筒内部
		保温箱内温度过低，电瓷绝缘子结露潮湿	检查电加热器是否损坏或断路，擦净绝缘子

6.10.7.5　电除尘器的安全技术

在燃烧和爆炸的火源、可燃物、氧气三个条件中，火源是避免不了的，因为电除尘器在电晕放电过程会有火花放电，此时即形成火源，所以电除尘器燃烧爆炸的关键在于可燃气体或粉尘的存在以及一定的含氧量。为了防止在电除尘器内形成粉尘的燃烧爆炸，必须采取积极可行的安全措施。

（1）防止粉尘凝聚。处理含尘浓度高的气体，在电除尘器之前装设预除尘器，如旋风除尘器和惯性除尘器等，降低进入电除尘器的入口粉尘浓度，是十分必要的。

（2）防止徐燃现象。徐燃现象是收集在电极上的粉尘缓慢燃烧的现象。实践表明，徐燃现象在电除尘器的第二、三电场更为严重，因为二、三电场中的细粉尘和气溶胶比第一电场多。

产生徐燃现象的原因有：含尘烟气中一般含有氧；电除尘器中的电火花时有发生；集尘极粉尘层中炭末及冷凝碳氢化合物很容易被点燃，徐燃现象缓慢产生。

防止徐燃现象首先应减少炭末及冷凝碳氢化合物的含量。其次应防止可燃气体和氧气超过一定浓度。用于净化回转窑烟气的电除尘器，最忌烟气中 CO 气体超量。为避免发生爆炸事故，多数采用控制烟气中氧含量的办法，也就是说加强除尘器的密封性，降低漏风率尤为关键。再次，应将电除尘器设计成能够承受可燃物质爆炸而不被破坏的结构形式，电场顶部设计防爆门。此外，还应采取泄压措施，在固定的开口进行及时泄压，使除尘器避免危险的高压。常用的泄压装置有两类：一是泄压膜；二是安全阀。

7

风　机

7.1　风机分类

风机是利用外加能量输送气体的机械。从能量观点看,风机是传递和转换能量的机械,从外部输入的机械能,在风机中传递给气体,转化为压力能,以克服流动阻力。风机种类繁多,常用的分类方法有两种:

(1) 按工作原理分类,风机分为叶片式风机和容积式风机。

(2) 按生产的压力高低分类,风机分为通风机（风压小于或等于 $10^4 \sim 1.5 \times 10^4 N/m^2$）、鼓风机（风压在 $10^4 \sim 1.5 \times 10^4 N/m^2$ 到 $3 \times 10^5 \sim 1.5 \times 10^5 N/m^2$ 以内）和压缩机（风压大于 $3 \times 10^5 \sim 1.5 \times 10^5 N/m^2$）。

通风机按产生风压的大小分为低压通风机（风压小于 $10^3 N/m^2$）、中压通风机（风压在 $10^3 \sim 3 \times 10^3 N/m^2$）和高压通风机（风压在 $3 \times 10^3 \sim 1.5 \times 10^4 N/m^2$）。

7.2　风机主要性能参数

(1) 流量。单位时间内风机所输送气体的体积称为风机的体积流量,单位为 "m³/s" 或 "m³/h"。

通风机性能表中所给出的体积流量,如无特殊说明,是指通风机标准状态下的气体体积。标准状态是指:介质为空气,压力为 $10132.5 N/m^2$（760mmHg）,温度为 293K（20℃）,相对湿度为 50%,密度为 $1.2 kg/m^3$。

(2) 全压。单位体积的气体在风机内所获得的总能量称为通风机的全压。通风机全压为通风机出口与进口压力之差,单位为 "N/m²" 或 "Pa"。

(3) 功率。风机的功率可分为有效功率、轴功率和内部功率。

1) 有效功率。单位时间内风机所获得的实际能量称为风机的有效功率,单位为 kW。

$$N_e = \frac{Qp}{1000}$$

式中　N_e——风机的有效功率,kW;

　　　Q——风机流量,m³/s;

　　　p——风机全压,N/m²。

2) 轴功率。单位时间内电动机传递给风机的能量称为风机的轴功率,单位为 kW。

3) 内部功率。风机轴功率与外部机械损失功率之差称为风机的内部功率,单位为 kW。

（4）效率。风机在把电动机的机械能传递给流体的过程要克服各种损失，要消耗一部分能量，轴功率不可能全部变为有效功率。常用有效功率来反映损失大小。把有效功率与轴功率之比定义为风机的全效率；把有效功率与内部功率之比定义为风机的内部效率。

（5）转速。风机转速是指风机叶轮每分钟的转速，单位是 r/min。

7.3 离心式通风机

7.3.1 离心式通风机工作原理

离心式通风机的工作原理为：气体在离心式通风机中的流动先为轴向，后转变为垂直于通风机轴的径向运动。当气体通过旋转叶轮的叶道间，由于叶片的作用，气体获得能量，气体压力提高和动能增加。当气体获得的能量足以克服其阻力时，则可将气体输送到高处或远处。离心式通风机的结构如图 7-1 所示。

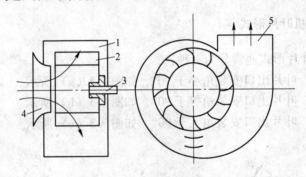

图 7-1　离心式通风机的结构
1—机壳；2—叶轮；3—机轴；4—吸气门；5—排气口

7.3.2 离心式通风机构造

离心式通风机主要由进气口、叶轮、主轴、蜗壳、出气口等组成。

（1）进气口。进气口的作用是保证气流能均匀地充满进口截面，降低流动损失。进气口的形式有圆筒形、圆锥形、锥筒形、弧形、弧筒形及锥弧形。

按进气口的数目，风机分为单侧吸入和双侧吸入。双侧吸入的目的是为了增大风机流量。

（2）叶轮。叶轮是风机的核心部件，作用是对气体做功使气体获得能量。它由前盘、后盘、叶片和轮毂所构成。

叶片的基本形状有弧形、直线形和机翼形三种。叶片出口安装角可分前向、径向和后向三种。风机按叶轮回转方向分为左旋和右旋风机。从电机一端正视风机，叶轮按逆时针方向回转的称为左旋风机，叶轮按顺时针方向旋转的称为右旋风机。

（3）主轴。主轴是用来带动叶轮一起旋转的部件。

（4）蜗壳。蜗壳一般为阿基米德螺线。

（5）出气口。按叶轮旋转方向和出气口角度，出气口有16种形式，如图7-2所示。

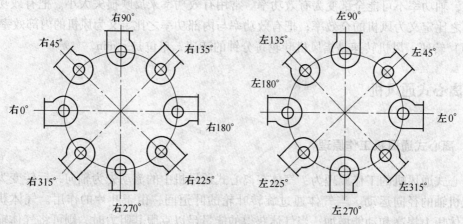

图 7-2　风机排风口位置

7.3.3　离心式通风机叶片形式

离心式通风机叶片形式通常分为三种：

（1）后向叶片：叶片出口安装角小于90°，如图7-3（a）所示。

（2）径向叶片：叶片出口安装角等于90°，如图7-3（b）所示。

（3）前向叶片：叶片出口安装角大于90°，如图7-3（c）所示。

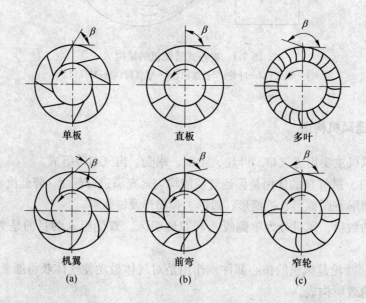

图 7-3　离心式通风机叶片的结构形式
（a）后向式；（b）径向式；（c）前向式

从气体获得的全压来看，前向叶片最大，径向叶片稍次，后向叶片最小。

从效率观点看，后向叶片最高，径向叶片居中，前向叶片最低。

从结构看，在流量和转速一定，达到相同全压的前提下，前向叶轮直径最小，径向叶轮次之，后向叶轮最大。

7.3.4　离心式通风机传动方式

离心式通风机的传动方式分为六种形式，如图7-4所示。

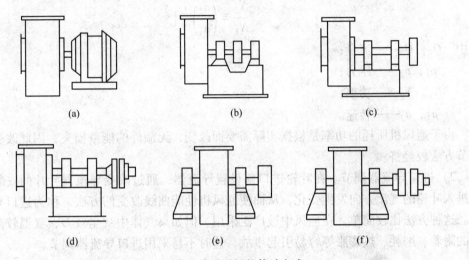

图 7-4　离心式通风机的传动方式

(a) 无轴承电动机直联传动；(b) 悬臂支承皮带轮在轴承中间；(c) 悬臂支承皮带轮在轴承外侧；
(d) 悬臂支承联轴器传动；(e) 双支承皮带轮在外侧；(f) 双支承联轴器传动

7.3.5　离心式通风机的联合运行

几台风机联合运行时，不允许出现下列情况：叶轮中有倒流；联合运行时的总流量比单台通风机运行时的流量小；流量波动时，出现不稳定现象。

(1) 串联运行。两台或两台以上的通风机串联在一起，向一公共管网内送气，称做通风机的串联运行。串联运行的目的在于提高被输送气体的压力。

(2) 并联运行。两台或两台以上的通风机并联在一起，向一公共管网内送气，称做通风机的并联运行。并联运行的目的是增加流量。

7.3.6　通风机的工况调节

当生产需要增加或减小流量、压力的时候，就要进行通风机的工况调节，即改变通风机在管网中的工况点，以满足生产需要。工况点是通风机性能曲线与管网特性曲线的交点，无论是改变风机的性能曲线还是改变管网特性曲线都可以实现通风机的调节。

(1) 改变管网特性曲线。在通风机的吸气管或排气管上设置节流阀或风门来控制流量的方法就是改变管网特性曲线的调节法。这种方法结构简单、操作容易，但由于人为增加管网阻力，多消耗了一部分功，故不经济。对于调节范围不大，尤其是小型通风机常采用这种调节方法。

（2）改变通风机的性能曲线。有以下两种方法可改变通风机的性能曲线。

1）改变通风机的转速。通风机的转速改变时，性能参数变化遵循比例定律：

$$\frac{Q_2}{Q_1} = \frac{n_2}{n_1}$$

$$\frac{p_2}{p_1} = \left(\frac{n_2}{n_1}\right)^2$$

$$\frac{N_2}{N_1} = \left(\frac{n_2}{n_1}\right)^3$$

式中　　Q_1，Q_2——流量；

　　　　p_1，p_2——压力；

　　　　N_1，N_2——功率；

　　　　n_1，n_2——转速。

由于通风机所耗的功率是根据实际需要而改变，无额外的能量损失，因此改变转速的调节方法较经济。

2）进口导流器调节。在叶轮进口前设置导流器，通过改变导流器叶片的安装角，使之进入叶轮的气流方向发生变化，从而使通风机性能曲线改变的方法，称为进口导流器调节。这种方法比较简单，在通风中被广泛采用。但如果气体中灰尘较多，气温较高时，灰尘的附着、磨耗、热膨胀等容易引起事故，这时不易采用进口导流器调节。

7.4　选用排烟机注意事项

（1）排送烟气中的含尘量。一般排烟机允许烟气含尘低于 $150mg/m^3$。如超过此限，排烟机寿命将会缩短。因此应设法提高风机前吸尘设备的收尘效率，否则应考虑备用风机。

（2）排送烟气的温度。采取措施降低进入排烟机的烟气温度，使之符合风机的设计温度。一般通风机设计允许温度为 80℃，锅炉引风机的允许温度为 250℃，其他高温排烟机须查找其允许温度。对于含有 SO_2 等腐蚀性烟气的排送，不仅要限制烟气的最高工作温度，而且还应控制其最低温度，以减轻气体对排烟机的腐蚀。

（3）查阅排烟机性能时应注意其设计条件。一般通风机设计性能按 20℃、0.1MPa、空气密度为 $1.2kg/m^3$ 计算；引风机按 200℃、0.1MPa、空气密度为 $0.745kg/m^3$ 计算。

7.5　排烟机性能换算

如果风机使用条件与风机设计条件不符时，性能参数应按公式进行换算。

对于通风机，其使用条件下的全压换算式为：

$$p = p_1 \times \frac{p_a}{101325} \times \frac{273 + 20}{273 + t}$$

式中　p——使用条件下风机所产生的全压，Pa；

p_1——性能表中查出的全压，Pa；

p_a——使用地区的大气压力，Pa；

t——输送烟气的温度，℃。

使用条件下的流量与从性能表中查出的流量相等，即

$$Q = Q_1$$

式中 Q——使用条件下的流量，m^3/h；

Q_1——性能表中查出的流量，m^3/h。

使用条件下的轴功率的换算式为：

$$N = N_1 \times \frac{p_a}{101325} \times \frac{273 + 20}{273 + t}$$

式中 N——使用条件下所需的轴功率，kW；

N_1——性能表中查出的轴功率，kW。

对于引风机，其使用条件下的全压换算式为：

$$p = p_1 \times \frac{\rho}{0.745}$$

$$= H_1 \times \frac{p_a}{101325} \times \frac{273 + 200}{273 + t}$$

使用条件下的流量与从性能表中查出的流量相等，即

$$Q = Q_1$$

使用条件下的轴功率的换算式为：

$$N = N_1 \times \frac{\rho}{0.745}$$

$$= N_1 \times \frac{p_a}{101325} \times \frac{273 + 200}{273 + t}$$

电动机所需功率可按变化后的轴功率计算，也可按变化后的风量和风压用下式计算：

$$N = \frac{Qp}{1000 \times 3600 \times 0.98 \times \eta} \times K$$

式中 N——电动机功率，kW；

η——风机的内效率，由风机性能表中查出；

0.98——风机的机械效率；

K——电动机容量储备系数，通风机取 1.15，引风机取 1.3。

7.6 排烟机的操作与维护

7.6.1 排烟机岗位安全操作规程

（1）上岗前必须按要求穿戴好劳动保护用品。

（2）开、停车前必须与调度联系。事故紧急停车前应尽可能（如时间不允许可不联

系）向车间及调度联系，停车后必须向车间和调度汇报。

（3）当炉窑内或电除尘器及烟道内有人检修时，绝对不许停排烟机或调整排烟机的负荷，以防止烟气返入窑内呛人。确需停车或调整时，须通知系统内的人员撤出后方可进行。

（4）低压风机停车一周以上，启动前必须找电工、钳工分别进行对应的检查。

（5）高压排烟机运行中，电缆头应可靠接地并注意观察电缆头是否发热，如果发热需及时找电工处理；停运后，在启动前必须找电工进行相应的检查。

（6）排烟机在运行中或开、停过程中，机壳对面不得有人停留。

（7）清理叶轮时不得少于两人，不准进入机壳内清理。

（8）排烟机开车前应罩好对轮罩，运行时严禁去掉对轮罩。

（9）排烟机不允许连续启动三次以上，如有问题，需查明原因；待电动机冷却后再启动。

（10）排烟机出现下列问题应立即停车：

1）轴承温度剧烈上升超过额定值。

2）机组发生剧烈振动或发生撞击时。

3）电动机有焦味或冒烟时。

7.6.2　排烟机维护规程

7.6.2.1　运行前检查

（1）各连接紧固螺栓是否齐全、牢固。

（2）各处润滑及磨损情况是否良好，安全防护装置是否齐全、可靠。

（3）根据电气规程检查电气设施是否完好、可靠。

（4）排烟机进口阀门是否关闭，出口阀门是否开启。

（5）排烟机的人孔门是否关闭并密封好。

（6）冷却水、润滑油系统是否良好，仪表是否正常。

（7）与相关车间联系，是否可以开机。

7.6.2.2　运行中的检查

（1）机体是否振动。

（2）轴承温度是否正常。

（3）各处运转声音是否正常。

（4）各处连接、紧固螺栓情况。

（5）油压、油位情况及润滑情况。

（6）水系统情况，如水温及水是否适中。

（7）烟道及机壳的漏烟情况。

（8）设备的负荷情况，电压、电流值是否正常。

7.6.2.3　日常维护

（1）定期清除排烟机内部及叶轮上的黏接物，防止锈蚀，延长设备的寿命。
（2）经常检查水系统是否正常。
（3）按润滑要求定期定量对设备进行润滑。
（4）经常紧固各处连接定位螺栓。
（5）保持设备及其附件完整，保持设备卫生。

7.6.3　排烟机常见故障及其处理方法

排烟机常见故障及其处理方法见表7-1。

表 7-1　排烟机常见故障及其处理方法

序号	故　障	原　因	处　理　方　法
1	风机压力过高及排出流量减小	气体密度增大	测量气体密度，消除增大原因
		出口管道积灰严重	清扫管道、阀门及烟罩
		出气管道破裂，法兰漏风	焊接裂口或更换法兰垫片
		密封圈、叶轮、叶片磨损	更换密封圈叶片或叶轮
2	风机压力过低及排出流量增大	气体密度减小	测定气体密度，消除密度减小原因
		进气管道破裂，法兰漏风	焊接裂口或更换法兰垫片
		机壳变形，密封圈磨损	检查修理或更换密封圈
3	轴承发热	润滑或冷却水不足	清洗加油，增大冷却水水量
		轴承安装不当	调整轴承
		叶轮转动不平衡	修理或更换
		叶轮歪斜与机壳进风口圈相碰	修理叶轮，推动轴承和进气口圈
4	运转中发生异响和振动	叶轮黏结或磨损	停车修理或更换叶轮
		叶轮间隙不均	停车检查，调整间隙
		地脚螺栓松动	及时紧固
		油质过劣	更换润滑油
		连接轴弯曲	更换或校正

烟 尘 输 送

8.1 气力输送

8.1.1 气力输送工作原理

气力输送是以管道内流动的气体作载体输送颗粒物的装置。一般气力输送具备以下两个条件：

（1）输送在圆形管道内进行。

（2）用流动的气体作为载体。

前者可以保证颗粒物用最小的圆周取得最小的流动截面，后者可给颗粒物动力。

8.1.2 气力输送特点

8.1.2.1 气力输送优点

（1）提高机械化水平，减轻劳动强度，减少烟尘飞扬损失，改善环境卫生。

（2）设备简单，制造和安装方便，投资少，节约占地面积，不受厂房结构和车间配置的限制，利于旧车间的改造。

（3）当输送完一种物料后，一般情况下管道内不积存物料，即使有少量的积存也易于清扫。

（4）输送的物料在输送过程中不受污染或混入其他杂物，可以保证物料的质量。

（5）维修方便，费用低。

（6）输送过程对物料能起混合、粉碎、干燥和冷却作用。

（7）根据条件可采用手动控制、远距离控制和自动控制。

（8）可由几个出灰点输送到一点，亦可由一个出灰点输送到几点。

（9）输送距离较远，可达 2500m。

8.1.2.2 气力输送缺点

（1）动力消耗大。

（2）不适宜输送结块和黏性大的烟尘。

（3）水平输送距离过长易形成脉动流，输送不稳定。

8.1.3 气力输送分类

按管道内气流压力差性质分类，气力输送分为吸送式输送和压送式输送。吸送式输送系统中气体压力小于大气压力，因此又称为负压式输送；压送式输送系统中气体压力大于大气压力，因此又称为正压式输送。

按气料比，气力输送分为稀相输送、中相输送和密相输送。稀相输送的气体含尘质量浓度小于 $5kg/m^3$，密相输送气体含尘质量浓度大于 $25kg/m^3$，中相输送介于二者之间。

8.1.4 气力输送系统布置

8.1.4.1 吸送式气力输送系统布置

吸送式气力输送系统的布置如图 8-1 所示。

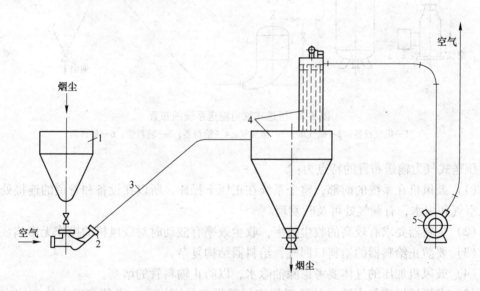

图 8-1 吸送式气力输送系统的布置
1—储灰斗；2—给料器；3—输料管；4—集料器；5—引风机

吸送式气力输送布置的特点为：

（1）引风机在系统的最后部，系统在负压下操作，要求整个系统严密不漏气。

（2）要求集料器有较高的收尘效率，使进入抽气机的气体含尘量不大于 $0.1g/m^3$，以防止抽气机的磨损和黏结烟尘。

（3）给料器要保证烟尘和空气能很好地混合，以免堵塞输料管。

（4）输送烟尘的空气在进入系统前，如空气湿度较大，应进行干燥或除水以保证整个系统不堵塞。

（5）烟尘应均匀进入给料器，以保证烟尘和空气混合比较均匀。

（6）集料器要求在较大负压下不变形。

8.1.4.2　压送式气力输送系统布置

压送式气力输送系统的布置如图 8-2 所示。

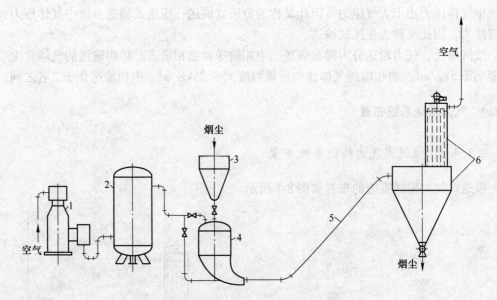

图 8-2　压送式气力输送系统的布置

1—供气设备；2—储气罐；3—储灰室；4—给料器；5—输料管；6—集料器

压送式气力输送布置的特点为：

（1）鼓风机在系统的前部，整个系统在正压下操作，所以在设备和管道的连接处不会进入空气和雨水，有漏气处可及时发现。

（2）集料器要求有较高的收尘效率，收尘效率有波动时对鼓风机的操作无影响。

（3）要防止给料器的给料口回气，给料器结构复杂。

（4）鼓风机加压的气体要考虑除油除水，以防止输料管的堵塞。

（5）高压压送式气力输送的给料器应尽量设于地面以上，必须布置在地下或半地下时，应考虑其检修、照明、防水等方面的问题。

（6）高压压送式气力输送的气源可单独设置，亦可集中由空压机站统一供给，且必须充分保证其供气量和压力。单独设置空压机时，必须附设气体冷却器，气水分离器和储气罐（气包）。

（7）高压压送式气力输送距离可达 2500m，对于黏性烟尘，必要时可沿输送管线设助吹管。

8.1.5　气力输送设备和管件

8.1.5.1　给料器

给料器安装在输料管的前端，这样在输送过程中，烟尘和空气能得到很好混合。为使烟尘能连续、均匀地进入给料器，其上部应设置储灰斗。给料器要求结构简单，操作和检修方便、压力损失小。压送式气力输送的给料器比吸送式气力输送的复杂。

常用的吸送式输送给料器如图 8-3 所示。

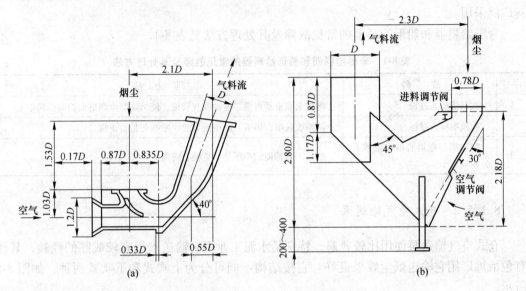

图 8-3　吸送式气力输送给料器
（a）L 形给料器；（b）V 形给料器

压送式气力输送给料器分为船形给料器（船形吹灰器）和弯形给料器（弯把子），如图 8-4 所示。

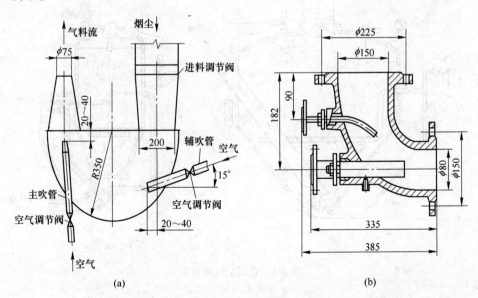

图 8-4　压送式气力输送给料器
（a）船形给料器；（b）弯形给料器

船形给料器结构简单、制造方便，适用于吹灰点多、输送距离不超过 **100m** 的场所。

船形给料器在氧化铝厂使用较多，铜冶炼厂也已使用，效果良好。为防止加料部分的回风，一般采用较高的料封和密闭给料设备。船形给料器输送气体的压力不大于 0.25MPa。

弯形给料器和船形给料器的特点相同，它在氧化铝厂使用较普遍，但在铜铅锌厂尚没有广泛采用。

弯形给料器和船形给料器的常见故障及其处理方法见表 8-1。

表 8-1　弯形给料器和船形给料器的常见故障及其处理方法

序号	故　障	处 理 方 法
1	吹灰嘴插入过长	将吹灰嘴重新调整，振动吹灰管道，使结块烟尘剥落而被高压风带走
2	吹灰嘴插入过短	调整吹灰嘴，用听、触摸的方法判断吹灰是否正常
3	吹灰嘴与弯形管的吹灰嘴孔处漏灰	松开压石棉绳的小压兰，更换石棉绳

8.1.5.2　仓式空气输送泵

仓式空气输送泵使用比较普遍，特别是水泥工业用它输送水泥有较成熟的经验，某些有色冶炼厂用它输送烟尘效果良好。它按结构不同可分为上吹式和下吹式两种，如图 8-5 所示。

按结构，仓式空气输送泵可分为单仓式和双仓式两种。单仓式是间断输送，双仓式可连续输送。

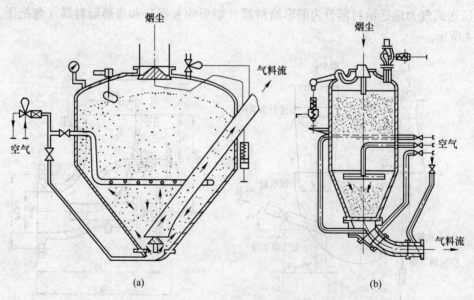

图 8-5　仓式空气输送泵
（a）上吹式；（b）下吹式

有色冶炼厂烟尘的输送量较少，一般采用单仓下吹式空气输送泵。

仓式泵输送烟尘时，有装料、吹送两个过程，分为四个阶段：进料阶段、流化加压阶段、输送阶段、吹扫阶段，可自动控制，亦可手动控制。仓式泵工作过程及压力曲线如图

8-6、图 8-7 所示。

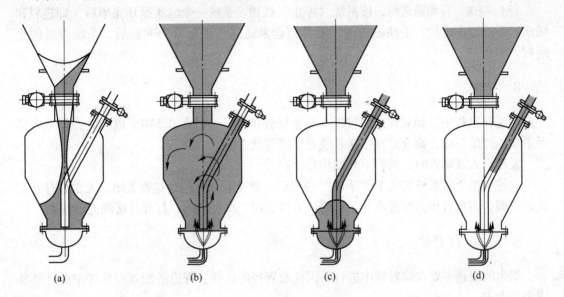

图 8-6 仓式泵工作过程

（a）进料阶段；（b）流化阶段；（c）输送阶段；（d）吹扫阶段

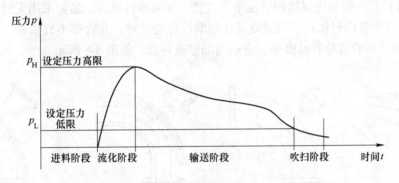

图 8-7 仓式泵工作过程压力曲线

A 仓式泵操作程序

检查仓式泵控制柜上各阀门处于何种工作状态；观察仪表气压，当气压达到 0.45MPa 时，方可输送。

（1）自动吹送。控制柜上切换到"集中"、"自动"位置，料位达到称重位置，母管压力达到 0.45MPa 时，按下系统"启动"按钮，系统即进入运行状态。

（2）手动吹送。在控制柜上切换到"集中"、"手动"位置。

仓式泵运行程序为：开排气阀 →开进料阀→开喂料机→待料装满后→ 停喂料机→关进料阀 → 关排气阀 → 开出料阀→开一次阀→开二次阀→（待仓式泵吹到下限后）关一次进气阀→关二次进气阀→关出料阀。至此一个输送循环结束，下一个输送循环开始，如此反复循环进行输送。

（3）停送。自动输送时，按系统"停止"按钮，系统一个输送循环完毕后（即进料和输送）系统停止运行。手动输送时，需等到仓泵送完料进行管道吹扫后，系统方可停止运行。

B 排堵

在送料过程中，如灰管压力接近或等于母管压力，一般在 0.5MPa 以上时，称重表显示重量不持续下降，则仓式泵吹送系统处于堵管状态。

发现仓式泵堵管时，执行下列操作程序：

在控制柜上将系统切换至"手动"位置后，确认仓泵各阀门是否关闭，无误后打开二次进气阀，当灰管压力接近或等于母管压力时关闭二次进气阀，打开排堵阀进行排堵。

8.1.5.3 输料管

烟尘的输送主要在输料管中进行，因此对管径的选择、管道的配置应作详细的计算和周密的考虑。

输料管的设计应注意以下事项：

（1）输料管内壁要求光滑，以减少阻力损失。

（2）输料管一般采用焊接钢管或水煤气管，如果条件允许，最好采用无缝钢管，亦可采用铸铁管或钢管内衬铸石、陶瓷或其他耐磨性好的材料。其管壁不宜太薄，直管部分可采用 5~6mm，弯管部分容易磨损，应适当加厚或补强，如图 8-8 所示。

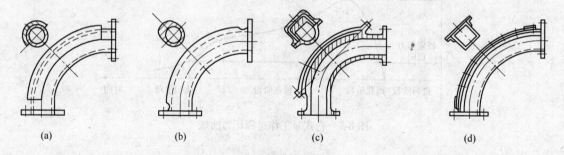

(a)   (b)   (c)   (d)

图 8-8 弯管

（a）外壁焊护板；（b）外壁加厚；（c）外侧管壁镶衬板；（d）矩形截面弯管

（3）弯管的曲率半径一般不宜小于输料管直径的 5~10 倍，如条件允许可适当取大一些。

（4）为了便于更换易磨损的部件，弯管一般采用法兰连接。为了保证严密不漏气，在法兰间应垫 3~5mm 的胶皮垫圈。直管部分一般采用焊接。

（5）输料管直径一般不应小于 80mm。

8.1.5.4 集料器

集料器实际上就是除尘器，用于气体和烟尘的分离。它由一段或数段收尘器组成，通常可根据烟尘粒度、混合比来确定，要求其总收尘效率在 99% 以上。烟尘粒度较小、混合比较大时，应采用两段或三段收尘设备。

有色冶炼厂烟尘气力输送常用的集料器，第一段为沉尘室或旋风收尘器，第二段为袋式收尘器。如烟尘用湿法处理时，可用泡沫收尘器或水膜收尘器等湿法收尘设备。

袋式收尘器和沉尘室组合使用时，一般袋式收尘器设置在沉尘室（或大型料仓）的顶部。

8.1.5.5 抽气和供气设备

烟尘输送主要靠抽气和供气设备。低真空吸送和低压压送一般采用离心式风机；高真空吸送一般采用罗茨鼓风机或水环式真空泵。

罗茨鼓风机亦可作为低压压送式气力输送的供气设备，因其噪声大，故应考虑消声设施。

水环式真空泵以水为介质，不怕烟尘进入泵内，并且结构简单，真空度高，但效率低。

高压压送式气力输送一般采用空压机，气源可单独设置空压机，亦可集中由空压机站供给。

8.1.5.6 压送式气力输送辅助设备

（1）储气罐。为了保证压送式气力输送压缩空气压力和气量的稳定，如单独设置空压机应附有储气罐。集中由空压机站供给压缩空气时最好另设置储气罐。储气罐按一次输送用气量考虑，容量按下式计算：

$$V = \frac{Q_2 - Q_1}{p_1 - p_2}$$

$$Q_2 = \frac{Q_T G_T}{1000}$$

式中　V——储气罐容量，m^3；

　　　Q_T——输送每吨烟尘所需气量，m^3/t；

　　　G_T——每缸装料量，kg；

　　　Q_1——空压机在输送过程中可能产生的气量，m^3/min；

　　　Q_2——空压机能力，m^3/min；

　　　p_1——输送前储气罐的起源压力，MPa；

　　　p_2——输送后储气罐压力，MPa。

按上式计算得出的容量 V 选用空压机配套储气罐。

（2）空气过滤器。空气过滤器主要是使压缩空气中夹带出来的水滴、油分离出来，以保证压缩空气干净，在输送烟尘时不堵塞管道。

（3）滤灰器。仓式空气输送泵装料时有部分气体需经滤灰器除尘，然后排入大气。

8.1.6　气力输送系统主要参数

（1）输送风速。气力输送系统输料管中的气流速度称为输送风速 v。风速太高，能量损失大，管道磨损严重，物料容易破碎；风速太低，系统工作不稳定，甚至造成堵塞。

输送风速根据经验数据确定。当输送的物料粒径、密度、含湿量、黏性较大，或者系统规模大、管路复杂时，应采用较大的输送风速。

（2）物料速度和速比。物料速度是指管道中颗粒群的最大速度。管道内的颗粒在气流的推动下开始运动，并随着时间的延长而速度上升，当颗粒群速度增大到一定程度，作用于颗粒群上的气流推力与各种阻力达到平衡时，则颗粒群就以一种最大的速度进行等速运动。这个最大速度就是物料速度 v_1。

物料速度与输送风速之比称为速比，速比可按下式近似计算：

$$\frac{v_1}{v} = 0.9 - \frac{7.5}{v}$$

（3）料气比。料气比 u_1 也称混合比，是单位时间内通过输料管的物料量与空气量的比值，以下式表示：

$$u_1 = \frac{G_1}{G} = \frac{G_1}{L\rho}$$

式中　G_1——输料量，kg/s 或 kg/h；

　　　G——空气量，kg/s 或 kg/h；

　　　L——空气量，m^3/s 或 m^3/h；

　　　ρ——空气密度，kg/m^3。

料气比的大小关系到系统工作的经济性、可靠性和输料量的大小。根据经验，一般低压吸送式系统 $u_1 = 1\sim4$，低压压送式系统 $u_1 = 1\sim10$，高真空吸送式系统 $u_1 = 20\sim70$。物料流动性好、管道平直、喉管阻力小，可以采用较高的料气比。

8.1.7　气力输送系统操作与管理

8.1.7.1　气力输送系统操作要点

（1）气力输送装置启动前必须检查系统的密封性。系统的任何漏风都有可能导致系统运行失常，严重时无法工作。

（2）气力输送装置启动时应该按粉尘运动方向从后开始逐一启动设备。

（3）气力输送系统启动后要认真检查系统有无漏风或管道堵塞现象。检查气固分离设备阻力是否正常，如果阻力过高，也会影响气力输送系统的正常运行。

8.1.7.2　气力输送系统的运行管理

（1）气力输送系统运行过程中应经常观察并记录系统风量、风压、气固分离器阻力和风机电流，使其在设计参数范围内运行。

（2）系统运行应经常检查管道有无堵塞情况。检查的办法是拿小锤敲打管道表面听其声音，如果声音发闷表明管道可能堵塞。

（3）气力输送系统的气固分离设备不宜太小，如果气固分离设备是袋式除尘器，则除尘器的过滤速度以小于 1m/min 为宜。这是因为气力输送系统气体含尘质量浓度较高，气固设备容量大一些，过滤速度低一些，更能保证系统的稳定运行。

（4）应经常检查系统的磨损情况。管道的卸灰口、弯头处及灰仓入口是极易磨损的部位，一旦发现磨损孔洞必须立即补漏或更换。

（5）气力输送系统的电气控制是保证系统正常运行的重要条件，对较大系统应单独编制控制程序，并对系统出现的异常情况及时报警。

8.2 螺旋输送机

螺旋输送机是一种不带挠性牵引件的输送设备。其长度一般不大于16m，如再增长距离，机械故障会明显增多。螺旋输送适用于水平或倾角小于20°、粉状和粒状粉料的输送。螺旋输送机不宜输送易变质的、黏性大、易结块的粉尘。因为这些粉尘在输送时会黏结在螺旋上，并随之旋转而不向前移动或者在吊轴承处形成物料的积塞，而使螺旋机不能正常工作。

8.2.1 螺旋输送机工作原理与特点

螺旋输送机是利用旋转的螺旋叶片将粉体沿着固定的壳体内壁向前推移而进行工作的。

螺旋输送机的特点有：

（1）结构简单，与其他输送机相比尺寸小，成本低，价格便宜。

（2）输送过程中，中途加料、卸料都很方便。如果加料较多应设排气装置。

（3）在输送过程中，可以进行搅拌、混合、加热、冷却等工艺过程。

（4）输送在全封闭的壳体内进行，所以粉尘与外界隔绝。

（5）物料在输送过程中可能被磨碎，应予注意。

（6）消耗功率大。

（7）螺旋输送机的工作温度在-20~50℃，介质自身温度应低于200℃；螺旋输送机的倾斜角一般小于20°。

8.2.2 螺旋输送机使用与维护

（1）螺旋输送机应无负荷启动，即在机壳内没有粉尘时启动，启动后开始向螺旋机给料。

（2）螺旋机初始给料时，应逐步增加给料速度直至达到额定输送能力，并且给料要均匀，否则容易造成输送物料的积塞、驱动装置的过载，使整台机器提前损坏。

（3）为了保证螺旋机无负荷启动的要求，输送机在停车前应停止加料，等机壳内物料完全输尽后方可停止运转。

（4）被输送物料内不得混入坚硬的大块物料，避免螺旋卡死而造成螺旋机的损坏。

（5）各连接部位应无漏风、漏尘现象。

（6）在使用中经常检视螺旋机各部件的工作状态，注意各紧固机件是否松动，如果发现机件松动，应立即拧紧螺钉，使之重新紧固。

（7）应当特别注意螺旋管与连接轴间的螺钉是否松动、掉下或者剪断，如发现此类现象，应立即停车并矫正。

（8）螺旋机的机盖在机器运转时不应取下，以免发生事故。

（9）螺旋机在运转中发生不正常现象均应以进行检查并解决，不得强行运转。

（10）螺旋机各运行机件应经常加润滑油。

8.3　埋刮板输送机

埋刮板输送机是除尘设备常用的输送机械，可用于输送粉状、小颗粒状和小块状粉体或物料。

8.3.1　埋刮板输送机工作原理与使用要求

埋刮板输送机是一种在密闭的方形或矩形断面的壳体内，借助链条刮板连续运动而输送散状粉体的运输设备，因此在输送过程中，刮板链条埋于被输送的粉体之中，故称"埋刮板输送机"。埋刮板输送机有水平输送、垂直输送和倾斜输送以及这三种方式组合的联合方式。

埋刮板输送机的使用要求有：

（1）物料体积质量：$\rho = 0.2 \sim 1.8 t/m^3$。

（2）温度：不超过 80℃。

（3）含水率：含水率与粉体的粒度、黏度有关，一般以将粉体用手捏成团后而不易松散为不得使用的界限。

（4）粒度：输送物料的粒度与其硬度有关，其推荐值为一般坚硬物料小于 3mm，非坚硬物料小于 20mm。

（5）可输送物料有：煤粉、飞灰、烟灰、炭黑、磷矿粉、苏打粉、固体农药、焦炭粉、石灰石粉、铬矿粉、白云石粉、铜精矿粉、氧化铝粉、氧化铁粉、水泥、黏土粉、陶土、黄砂、铸造旧砂、淀粉、谷物粉、锯末及各种生产性粉尘等。

（6）具有下列性能的粉体或物料不宜采用常规埋刮板输送机：高温的、有毒的、易爆的、磨损性很强的、腐蚀性很强的、黏性（附着性）强的、悬浮性很强的、流动性特别好的和极脆而又不希望被破碎的粉体。

8.3.2　埋刮板输送机操作和维护

（1）每次启动设备后，应先空载运转一定时间（5~10min），待设备运转正常后方可负载，同时应保持负荷的均匀，不得突增或过载运行。如无特殊情况，不得负载停车。应待机槽内粉体基本卸空时再停车。满载运输时发生紧急停车后的启动，必须先点动几次或适量排除机槽内的粉尘。

（2）若有数台输送机组合成一条流水线，启动时应先开动最后（物流最下游）一台，而后逐台往前开动。停车顺序与启动顺序相反。

（3）操作人员应经常检查机器各部件，特别是刮板链条和驱动装置应保证完好无损状态，一旦发现有残缺损伤的机件，应及时修复或更换。

（4）刮板输送机在一般情况下，1月定修1次，1年大修1次。大修时全部零件都应拆下清理，并更换磨损零件。电动机、减速机按技术要求进行维护和保养。

刮板输送机的常见故障及其处理方法见表8-2。

表8-2 刮板输送机的常见故障及其处理方法

序号	故障	原因	处理方法
1	刮板链条跑偏	链条跑偏往往是由于安装不当造成的，如全机的不直度过大，头轮、尾轮及导轨、托轮不对中；各轮轴不平行，尾轮调节行程不一致等情况出现均能造成链条跑偏	重新调整，另外安装时一定要把好质量关
2	刮板断链	（1）计算错误或选型错误，致使刮板链条不能满足正常运行时的工作张力，或链条制造质量没有达到设计要求； （2）刮板链条上的开口销磨损而没有及时更换，以使连接销轴脱落而断链； （3）输送物料中混入大块硬物或铁块，刮板链条在运行中突然卡住造成过载而断链； （4）全机安装时不慎因振动、撞击而使机壳之间的连接法兰、导轨处出现上下、左右较大的错移，致使刮板链条被卡住造成过载而断链	断链后需更换链节，并分析其原因，相应采取措施，以防止再次断链；为了从根本上防止断链发生，在选型设计、制造、安装和维修的每个环节中都应予以重视
3	刮板浮链子	当输送粉体的密度很大，或者细粒状或粉状粉体含水率较高而易于黏结、压结时，往往会产生浮链	链条水平段出现浮链现象后，可在承载机槽内每隔2m配置一段压板，压住链条，强制刮板链条不得浮起

重冶收尘工复习题

一、填空题

1. 振打清灰效果主要决定于振打（　　）和振打（　　）。

2. 工业三废是指（　　）、（　　）、（　　）。

3. 不考虑粉尘颗粒与颗粒间空隙的颗粒本身实有的密度称为（　　）。

4. 粉尘自灰斗连续落到水平板上，自然堆积成为圆锥体，圆锥体母线与水平面的夹角称为粉尘的（　　）。

5. 旋风除尘器常用进口形式有（　　）、（　　）、（　　）、（　　）四种形式。

6. 电除尘器振打不良，（　　）黏灰过多会出现电晕闭锁现象。

7. 有色冶炼一般采用的干法收尘设备有（　　）、（　　）、（　　）和（　　）。

8. 从（　　）一端正视风机，叶轮（　　）方向旋转称为右旋，叶轮（　　）方向旋转称为左旋。

9. 电收尘器上（　　）的作用是支撑绝缘。

10. 铜合成熔炼炉烟气出炉后，经余热锅炉将烟气冷却降温到（　　）后进入收尘系统。

11. 电除尘器振打不良，（　　）黏灰过多会出现反电晕现象。

12. 粉尘（　　）时所测密度称为堆积密度。

13. （　　）收尘器能捕集粉尘的最佳粒径 $10\mu m$ 以上。

14. 电除尘器进口含尘浓度（　　），会出现电晕闭锁现象。

15. 输送高温烟灰时采用的设备有（　　）、（　　）、（　　）和（　　）。

16. 粉尘之间的凝聚会使尘粒逐渐（　　），有利于（　　）除尘效率。

17. 电收尘器上阴极（　　）的作用是绝缘和传动。

18. 两台旋风除尘器（　　）使用，经测试其单台气量分别为 Q_1 和 Q_2，则两台总气量为 Q_1+Q_2。

19. 电场顶部保温箱内（　　）的作用是防止石英管内壁结露。

20. 电场进口（　　）的作用是气流均布，（　　）的作用是捕集逃逸的粉尘。

21. 排烟机（　　）运行的目的增加流量；（　　）运行的目的提高被输送气体的压力。

22. 电场内阳极的排数比阴极（　　）一排。

23. （　　）收尘器原理主要通过烟尘的离心力来实现的。

24. 电收尘器的极距（　　），则工作电压提高。

25. 以（　　）与粉尘直接接触，利用液滴或液膜黏附粉尘而净化气体的方式是湿式收尘。

26. 烟气在烟道内的流速（　　）则系统阻力越小。

27. LD50m² 电收尘器（　　）形式为 "C"-480 型极板；（　　）形式为改进型不锈钢 RS 芒刺线。

28. 合成炉及 110t 转炉输灰系统为（　　）和（　　）联合输送。

29. 整流车的型号是 GGAJ02-06/72，则该车的额定输出（　　）是 72kV。

30. （　　）与电场宽度的乘积称为截面积。

31. 收尘系统进口压力为 -1800Pa，出口压力为 -2000Pa，则该系统压力的损失为（　　）。

32. 荷电悬浮尘料在（　　）作用下向（　　）表面运动的速度为驱进速度。

33. 风机（　　）与轴功率之比为风机的全效率。

34. 粉尘是一种对能较长时间悬浮于空气中的（　　）俗称。

35. 按形成粉尘的物质可把粉尘分为（　　）、（　　）和（　　）。

36. 按粉尘（　　）可把粉尘分为可见粉尘、显微粉尘和超显微粉尘。

37. 粉尘的比表面积（　　）时，表面能也随之增大。

38. 尘粒是否易于被水或其他液体润湿的性质称为（　　）。粉尘根据其被水润湿的程度，分为（　　）、（　　）。

39. 电除尘器振打不良，极线黏灰过多会出现（　　）现象。

40. 安息角是指粉尘在平面上自由堆积时，自由表面与水平面形成的（　　）。

41. （　　）是指标准状态下单位体积气体中所含粉尘的质量，常用单位为 g/m³ 或 mg/m³。

42. 通风装置按（　　）可分为全面通风、局部通风；按（　　）可分为自然通风、机械通风。

43. 在整个车间或房间内进行空气的（　　）称做全面通风；利用风机产生压力来进行（　　）的方式称做机械通风。

44. （　　）系统分为局部进风和局部排风两大类。

45. 除尘效率是评价除尘器（　　）的重要指标之一。

46. 常用除尘器的除尘机理有（　　）、（　　）、（　　）、（　　）、（　　）、（　　）。

47. 除尘器一般可分为（　　）、（　　）、（　　）。

48. 叶片出口安装角可分为（　　）、（　　）和（　　）三种。

49. 为保证电除尘器的正常作业，烟气温度要高于露点（　　）。

50. 旋风除尘器由（　　）、（　　）、（　　）三部分组成。

51. 旋风除尘器按（　　）可分为高效旋风除尘器和普通旋风除尘器。

52. 叶片的基本形状有（　　）、（　　）和（　　）三种。

53. 过滤式除尘器是通过滤料的过滤作用使粉尘从（　　）中分离的设备。

54. 袋式除尘器按滤袋形式分为（　　）和（　　）两种；按进气方式分为（　　）、（　　）、（　　）；按过滤方式分为（　　）和（　　）。

55. 电除尘器按集尘极形式分为（　　）和（　　）；按气流方式分为（　　）和

（　　）；按清灰方式分为（　　）和（　　）。

56. 仓式泵分（　　）和（　　）两种，（　　）是间断输送，（　　）可连续输送。

57. 过滤式除尘器按照（　　）分为表面过滤和颗粒层过滤。

58. 用于除尘方面的湿式洗涤器只有（　　）、（　　）、（　　）和（　　）。

59. 风机轴承温度剧烈上升超过额定值时可（　　）。

60. 沉降室具有（　　）和（　　）双重作用。

61. 电除尘器的生产原理是在阴阳极之间接上（　　），产生的（　　）和烟尘碰撞，使（　　）荷电，从而达到（　　）的作用。

62. 易燃易爆粉尘应设有（　　）装置。

63. 输排灰装置分为（　　）输送装置和（　　）输送装置。

64. 风机是利用（　　）输送气体的机械，其按工作原理可分为（　　）和（　　）。

65. 回转式风机按（　　）分为罗茨风机、叶氏风机、螺杆风机。

66. 通风机按产生（　　）的大小分为低压通风机、中压通风机、高压通风机。

67. 单位（　　）内风机所输送气体的体积称为风机的体积流量。

68. 单位（　　）的气体在风机内所获得的总能量称为通风机的全压。

69. 惯性除尘器根据构造和工作原理，分为（　　）和（　　）两种形式。

70. 风机的功率可分为（　　）、（　　）、（　　）。

71. 单位时间内（　　）传递给风机的能量称为风机的轴功率。

72. 风机有效功率与（　　）之比为风机的全效率。

73. 湿式除尘适用于处理（　　）、（　　）、（　　）的粉尘。

74. 单位时间内通过输料管的物料量与（　　）的比值称为料气比。

75. 通风机进气口的作用是保证气流能（　　）地充满进口截面，（　　）流动损失。

二、判断题

1. 两台或两台以上的通风机串联在一起，向一公共管网内送气，称做通风机的串联运行。（　　）

2. 船形吹灰器就是单点吹灰器。（　　）

3. 气力输送过程对物料能起混合、粉碎、干燥而后冷却的作用。（　　）

4. 袋式除尘器的阻力包括机械设备阻力、滤料本身阻力和粉尘层阻力。（　　）

5. 旋风除尘器串联使用一般不宜超过三级。（　　）

6. 烟气制酸时，应先打开排空阀，后关闭制酸阀。（　　）

7. 单点吹灰器停吹时先关闭下料阀，待管道内无积灰后，再关闭风阀。（　　）

8. 中间仓具有烟灰输送和沉降作用。（　　）

9. 弯形给料器的耐温是 250℃。（　　）

10. 低真空吸送和低压压送一般采用离心式风机。（　　）

11. 集料器就是吸尘器，用作气体和烟尘分离。（　　）

12. 仓式泵分单仓式和双仓式两种，单仓式是间断输送，双仓式可连续输送。（　　）

13. 通风机联合运行时，不允许叶轮中有倒流现象发生。（　　）

14. 风机并联的目的是增加流量。（　　）

15. 按叶轮旋转方向和出气口角度，风机出气口有 16 种形式。（　　）

16. 风机的轴功率不可能全部变为有效功率。（　　）

17. 高温烟气的除尘器必须注意设备的热膨胀。（　　）

18. 反电晕现象是向空间放出与集尘极同极性电荷。（　　）

19. 机械式除尘器是利用重力、惯性、离心力等方法来去除尘粒的设备（　　）。

20. 当电收尘器进口含尘浓度过高时会造成二次电流偏低。（　　）

21. 静电除尘器的机理是扩散效应、惯性效应、静电吸引等。（　　）

22. 电场的电晕极由阴极吊挂杆、电晕线、支撑绝缘管等组成。（　　）

23. 电收尘器进口气流分布板采用分布的作用是均布气流。（　　）

24. 电收尘器的漏风率主要取决于壳体的保温、灰斗下灰口的密封、人孔门的密封等。（　　）

25. 埋刮板输送机采用水平输送、垂直输送和倾斜输送三种运输方式。（　　）

26. 在收尘系统收尘器的配置顺序为沉降室、旋涡收尘器、电收尘器。（　　）

27. 排烟机在启动前应先打开风机出口阀门，后打开风机进口阀门。（　　）

28. 袋式除尘器除尘效率可达到 40%~90%。（　　）

29. 机械式除尘器除尘效率一般在 98%~99%。（　　）

30. 旋风除尘器主要用于捕集 $10\mu m$ 以上的粉尘。（　　）

31. 并联组合的旋风除尘器的处理气量等于单筒旋风除尘器处理气量之和。（　　）

32. 含尘浓度越大，旋风除尘器的器壁磨损越快。（　　）

33. 滤布的纺织有平纹、缎纹、斜纹三种。（　　）

34. 摩擦角一般分为内摩擦和外摩擦角。（　　）

35. 烟气中的三氧化硫和水分能改善烟尘的导电性。（　　）

36. 烟气含尘超过一定数量时会严重抑制电晕电流的产生。（　　）

37. 低温电除尘器一般在微正压下工作，以避免因漏入空气而降温。（　　）

38. 比电阻高于 $10^4\Omega \cdot cm$ 的粉尘称为高比电阻粉尘。（　　）

39. 叶轮是风机的核心部件，其作用是对气体做功使气体获得能量。（　　）

40. 气力输送的缺点是不适宜输送结块和黏性大的烟尘。（　　）

41. 电除尘器的优点是钢材消耗少，结构简单。（　　）

42. 硅整流设备能把直流电变为交流电。（　　）

43. 袋式除尘器一般能捕集 $10\mu m$ 以上的粉尘。（　　）

44. 过滤速度是影响袋式除尘器性能的重要因素之一。（　　）

45. 通风装置按作用范围可分为自然通风和机械通风。（　　）

46. 颗粒浓度是指单位体积气体中所含粉尘的颗粒数。（　　）

47. 有效功率与轴功率之比称为风机的内部效率。（　　）

48. 烟气通过电除尘器的流速快会使除尘效率降低。（　　）

49. 板式电除尘器多用于湿法收尘。（　　）

50. 烟尘气力输送的优点是可由几个出灰点输送到一点，不能由一个出灰点输送到几点。（　　）

三、单项选择题

1. 旋风除尘器的进口断面多采用（　　）。
   A. 圆形　　　　　　B. 矩形　　　　　　C. 多边形

2. 旋风除尘器的压力损失与气体流量的平方成（　　）。
   A. 正比　　　　　　B. 反比　　　　　　C. 不能确定

3. 旋风除尘器的除尘效率随尘粒密度的增大而（　　）。
   A. 提高　　　　　　B. 降低　　　　　　C. 不变

4. 旋风除尘器的除尘效率是随筒体直径的减小而（　　）。
   A. 提高　　　　　　B. 减小　　　　　　C. 不变

5. 袋式除尘器的除尘过程主要是由（　　）完成的。
   A. 框架　　　　　　B. 袋室　　　　　　C. 滤袋

6. 电场强度的增高会使除尘效率（　　）。
   A. 增高　　　　　　B. 降低　　　　　　C. 不变

7. 烟气湿度增加，电场击穿电压（　　）。
   A. 提高　　　　　　B. 降低　　　　　　C. 不变

8. 粉尘输送速度应（　　）悬浮速度。
   A. 等于　　　　　　B. 小于　　　　　　C. 大于

9. 并联组合的旋风收尘器的灰斗隔开，（　　）。
   A. 防止烟气相互串流　B. 防止烟气短路　C. 防止灰斗变形

10. 高压风机停运（　　）以上的排烟机应找电工检查电动机是否正常。
    A. 4h　　　　　　　B. 8h　　　　　　　C. 24h

11. 排烟机油位是（　　）。
    A. 低于油标 1/3，高于油标 2/3　　　　B. 高于油标 1/3，低于油标 2/3
    C. 高于油标 2/3，低于油标 1/3

12. 弯形给料器耐温（　　）。
    A. 250℃　　　　　　B. 150℃　　　　　　C. 350℃

13. 低真空吸送和低压压送一般采用（　　）。
    A. 离心式风机　　　B. 罗茨鼓风机　　　C. 水环式真空泵

14. （　　）以上的通风机串联在一起，向一公共管网内送气，称做通风机的串联运行。
    A. 一台或一台以上　B. 两台或两台以上　C. 三台或三台以上

15. 风机的传动方式分为（　　）形式。
    A. 6 种　　　　　　B. 4 种　　　　　　C. 2 种

16. 风机轴功率与外部机械功率（　　）称为风机的内部功率。
    A. 之和　　　　　　B. 之差　　　　　　C. 之积

17. 风机的轴功率（　　）全部变为有效功率。
    A. 一定能　　　　　B. 可能　　　　　　C. 不可能

18. 高温烟气的电除尘器必须注意设备的（　　）。
    A. 热膨胀　　　　　　B. 漏风　　　　　　C. 保温

19. 反电晕现象是向空间放出与集尘极（　　）电荷。
    A. 异极性　　　　　　B. 同极性　　　　　C. 不确定

20. 电除尘器一般采用负电晕极，负电晕极（　　）。
    A. 起晕电压高，击穿电压低　　　　　　B. 起晕电压低，击穿电压高
    C. 起晕电压低，击穿电压低

21. 布袋除尘器过滤速度较高时，除尘效率（　　）。
    A. 下降　　　　　　　B. 增大　　　　　　C. 不变

22. 电场高度与电场宽度的乘积称为（　　）。
    A. 收尘面积　　　　　B. 电场截面　　　　C. 比收尘极面积

23. 旋风除尘器串联使用一般不宜超过（　　）。
    A. 两级　　　　　　　B. 三级　　　　　　C. 四级

24. 并联组和的旋风除尘器的收尘效率（　　）同规格单筒旋风除尘器。
    A. 略低于　　　　　　B. 略高于　　　　　C. 等同于

25. 旋风除尘器（　　）是影响其性能的重要因素。
    A. 进口流速　　　　　B. 进口形式　　　　C. 下灰口的密封

26. 管道保温的目的是（　　）。
    A. 减少热损失　　　　B. 美观　　　　　　C. 防雨

27. 排送的烟气温度超过（　　）时，须选用高温风机。
    A. 100~150℃　　　　B. 100~200℃　　　　C. 200~250℃

28. 烟气含尘量随电场数和电场长度的增加而（　　）。
    A. 递减　　　　　　　B. 递增　　　　　　C. 不变

29. 滤袋阻力随过滤速度的增加而（　　）。
    A. 增加　　　　　　　B. 降低　　　　　　C. 不变

30. （　　）是确定收尘流程、选用收尘设备的基本条件。
    A. 烟尘粒径　　　　　B. 烟尘成分　　　　C. 烟尘密度

31. 单仓式空气输送泵属于（　　）。
    A. 间断输送　　　　　B. 连续输送　　　　C. 不确定

32. 可见粉尘是指用肉眼可见，粒径大于（　　）以上的粉尘。
    A. 10μm　　　　　　　B. 0.25~10μm　　　　C. 30μm

33. 两台同型号风机串联时，其所能处理的风量（　　）。
    A. 等于一台的　　　　B. 等于两台之和　　C. 等于两台之差

34. 电收尘器出口气流分布板采用槽形板的作用是（　　）。
    A. 气流均布　　　　　B. 捕集逃逸的粉尘　C. 支撑出口喇叭

35. 电收尘器进口分布板的作用是（　　）。
    A. 挡灰　　　　　　　B. 使气流分布均匀　C. 调节烟气量

36. 整流车的型号是 GGAJ02-03/66，则该车的额定输出电压是（　　）。
    A. 30kV　　　　　　　B. 66kV　　　　　　C. 无法确定

37. 两个同型号旋涡收尘器串联，每台处理气量为 Q，则串联后的处理量为（　　　）。

    A. $2Q$　　　　　　　　B. Q　　　　　　　　C. $\dfrac{1}{2}Q$

38. 低比电阻粉尘的理论值是（　　　）。

    A. $<1\mu m$　　　　　　B. $<10^4\Omega\cdot cm$　　　　C. $<10^8\Omega\cdot cm$

39. 进电收尘器的烟气温度应在（　　　）。

    A. $>200℃$

    B. $<350℃$，高于露点 $30℃$

    C. $<350℃$，$>30℃$

40. 布袋收尘器黏结的灰较多，未清理则（　　　）。

    A. 过滤速度增加　　　　B. 布袋阻力增大　　　　C. 除尘效率下降

41. 当两台同型号风机并联时，风机所处理的风量是（　　　）。

    A. 一台的量　　　　　　B. 两台的量　　　　　　C. 二分之一台的量

42. 风机轴功率与外部机械功率损失功率之差，称为风机的（　　　）

    A. 轴功率　　　　　　　B. 内部功率　　　　　　C. 有效功率

43. 单位时间内风机所获得的实际能量，称为风机的（　　　）。

    A. 轴功率　　　　　　　B. 内部功率　　　　　　C. 有效功率

44. 利用各种罩子将风汇集起来排出去的通风方式称之为（　　　）。

    A. 局部通风　　　　　　B. 全面通风　　　　　　C. 机械通风

45. 评价除尘器性能的重要指标之一是（　　　）。

    A. 除尘效率　　　　　　B. 漏风率　　　　　　　C. 穿透率

46. 重力沉降室是利用（　　　）原理使尘粒以气体中分离出来的除尘设备。

    A. 离心力　　　　　　　B. 静电　　　　　　　　C. 重力沉降

47. 要保证电除尘器的正常作业，烟气露点温度要高于露点（　　　）。

    A. $20\sim30℃$　　　　　B. $30\sim60℃$　　　　　C. $10\sim20℃$

48. 烟气温度高使自身密度（　　　）。

    A. 提高　　　　　　　　B. 降低　　　　　　　　C. 不变

49. 电气力输送距离较远，可达（　　　）。

    A. $2500m$　　　　　　B. $500m$　　　　　　　C. $1000m$

50. 含尘气体在单位时间内所通过电除尘器的速度称为（　　　）。

    A. 电场风速　　　　　　B. 烟气流速　　　　　　C. 驱进速度

51. 排烟机启动时，应关闭（　　　）。

    A. 进口阀门　　　　　　B. 出口阀门　　　　　　C. 不用关

52. 风机流量与风机转速成（　　　）。

    A. 反比　　　　　　　　B. 正比　　　　　　　　C. 不能确定

53. $LD50m^2\text{-}4$ 电收尘器的有效截面积为（　　　）。

    A. $4m^2$　　　　　　　B. $50m^2$　　　　　　　C. $200mm$

54. 电场阴极振打周期要比阳极振打周期（　　　）。

    A. 长　　　　　　　　　B. 短　　　　　　　　　C. 相同

55. 当气体含尘质量浓度较高，或要求捕集的粉尘粒度较大时，应选用（　　）的旋风收尘器。

    A. 较大直径　　　　　　B. 较小直径　　　　　　C. 都可以

四、多项选择题

1. 埋刮板输送机的优点是（　　）。

    A. 结构简单　　　　B. 重量较轻　　　　C. 体积不大

    D. 密封、安装、维修比较方便

2. 埋刮板输送机采用（　　）运输方式。

    A. 水平输送　　　　B. 垂直输送　　　　C. 倾斜输送　　　　D. 3 种方式组合

3. 刮板断链的原因有（　　）。

    A. 计算或选型错误

    B. 连接销轴脱落

    C. 被硬物或铁块卡住过载

    D. 安装不慎，机壳错移，链条被卡住而过载

4. 通风机的转速改变时，（　　）也随之发生改变。

    A. 流量　　　　　　B. 压力　　　　　　C. 功率

5. 气力输送过程对物料能起（　　）作用。

    A. 混合　　　　　　B. 粉碎　　　　　　C. 干燥　　　　　　D. 冷却

6. 弯形给料器由（　　）组成。

    A. 弯形管　　　　　B. 吹灰嘴　　　　　C. 助吹管

7. 弯形给料器的特点是（　　）。

    A. 结构简单　　　　　　　　　　B. 制造方便

    C. 适用于出灰点多　　　　　　　D. 输送距离不超过 100m

8. 袋式除尘器的阻力包括（　　）。

    A. 机械设备阻力　　B. 滤料本身的阻力　　C. 粉尘层阻力

9. 电晕电极的支撑和绝缘一般采用绝缘（　　）。

    A. 瓷瓶　　　　　　B. 石英管　　　　　C. 聚四氟乙烯管

10. 旋风收尘器可以处理（　　）的烟气。

    A. 低温　　　　　　B. 低含尘　　　　　C. 高温　　　　　　D. 高含尘

11. 仓式泵分为（　　）两种。

    A. 单仓式　　　　　B. 多仓式　　　　　C. 双仓式

12. 仓式泵按其结构可分为（　　）。

    A. 上吹式　　　　　B. 中吹式　　　　　C. 下吹式

13. 按料、气两相数量比分类，气力输送分为（　　）。

    A. 稀相输送　　　　B. 中相输送　　　　C. 密相输送

14. 袋式除尘器的机理是（　　）。

　　A. 扩散效应　　　　B. 离心力作用　　　　C. 惯性效应

　　D. 重力沉降　　　　E. 静电吸引

15. 影响旋涡收尘器效率的因素有（　　）。

　　A. 烟尘粒径　　　　B. 进口流速　　　　C. 系统压力

　　D. 旋涡结构

16. 叶片出口安装角的形式可分为（　　）。

　　A. 前向　　　　　　B. 径向　　　　　　C. 侧向　　　　　　D. 后向

17. 旋涡收尘器主要用于处理（　　）的气体。

　　A. 烟尘粒径较小　　B. 烟尘粒径较大　　C. 烟气温度较高

　　D. 烟气含湿量较小　E. 烟气含尘量较高

18. 布袋收尘器主要用于处理（　　）的气体。

　　A. 烟尘粒径较小　　B. 烟尘粒径较大　　C. 烟气温度较高

　　D. 烟气含湿量较小　E. 烟气含尘量较高

19. 电收尘器的漏风率主要取决于（　　）。

　　A. 壳体的密封　　　B. 灰斗下灰口的密封

　　C. 人孔门的密封　　D. 烟气的温度　　　E. 负压

　　F. 壳体的保温　　　G. 收尘效率

20. 排烟机的旋向是指（　　）。

　　A. 从电动机方向看排烟机的转向

　　B. 从电动机方向看排烟机的转向，转向是顺时针时为右旋

　　C. 看排烟机的转向

　　D. 看电动机的转向

21. 电收尘器收尘效率低的原因有（　　）。

　　A. 烟气温度高　　　B. 进口含尘浓度高　C. 进口含尘浓度低

　　D. 漏风率低　　　　E. 漏风率高　　　　F. 二次电压低

　　G. 振打频率不合适　H. 烟气流速低

22. 影响粉尘比电阻的因素有（　　）。

　　A. 温度　　　　　　B. 湿度　　　　　　C. 烟气成分

　　D. 粉尘粒径

23. 影响旋风除尘器性能的主要因素有（　　）。

　　A. 进口流速　　　　B. 进口形式　　　　C. 排气管

　　D. 锥体　　　　　　E. 排灰口的密封状况

24. 机械式除尘器包括（　　）。

　　A. 沉降室　　　　　B. 惯性除尘器　　　C. 旋风除尘器

　　D. 电除尘器　　　　E. 袋式除尘器

25. 按形成粉尘的物质，粉尘可分为（　　）。

　　A. 无机性粉尘　　　B. 有机性粉尘　　　C. 可见粉尘

　　D. 显微粉尘　　　　E. 超显微粉尘　　　F. 混合性粉尘

26. 风机按工作原理分为（　　　）。

    A. 叶片式风机　　　　B. 容积式风机　　　　C. 回转式风机

    D. 往复式风机

27. 烟气中的（　　　）能改善烟尘的导电性。

    A. 三氧化硫　　　　B. 水分　　　　C. 二氧化碳

    D. 一氧化碳

28. 电除尘器按气流流动方式分为（　　　）。

    A. 侧式　　　　B. 立式　　　　C. 卧式

五、计算题

1. 某除尘系统由旋风除尘器和电收尘器组成，经测试旋涡效率为89%，电收尘器的效率为99%，该系统的总效率是多少？

2. 某92m² 电收尘器内烟气流速为0.8m/s，请问该除尘器所处理的烟气量为多少？

3. 某除尘器除尘效率是96%，进口烟尘浓度是15g/m³（标态），漏风率为10%，请问该除尘器的出口烟尘浓度是多少？

4. 有一布袋收尘器所处理的风量为40.82m³/min，布袋过滤速度为0.5m/min，请问该布袋收尘器的面积是多少？

5. 某除尘器进口烟道为矩形，高1m，宽2m，烟道内烟气流速为15m/s，请问该除尘器所处理的烟气量为多少？

6. 有一布袋收尘器共有100条布袋，布袋过滤速度为0.5m/min，滤袋直径为130mm，长2m，请问该布袋收尘器所处理的风量是多少？

7. 已知某台电除尘器的除尘效率为95%，出口含尘浓度为0.5 g/m³（标态），试计算进口含尘浓度。（假设电除尘器的漏风率为零）

8. 已知某台电除尘器的进口压力为686Pa，压力损失为-1863Pa，试问这台电除尘器的出口压力是多少？

9. 已知某台风机风量为86400m³/h，试问这台风机每秒钟排风量为多少？

10. 某台除尘透过率为5%，该除尘器效率是多少？

11. 吹灰器能力为2t/h，现有灰尘800kg，请问需多长时间才能吹完？

12. 已在标态下测得某台电除尘器的入口风量为40000m³/h，出口风量为44000m³/h，该台电除尘器的漏风率为多少？

13. 某台电除尘器进口浓度为50g/m³（标态），出口含尘浓度为0.5g/m³（标态），假定漏风率为零，计算其除尘效率和透过率。

14. 旋涡收尘器进口压力为-800Pa，收尘器本体阻力为1000Pa，请问旋涡收尘器出口压力为多少？

15. 某一除尘管道通过的风量为80000m³/h，管内气体流速15m/s，试计算该管道的直径。

16. 某一除尘管道直径为3m，管道长15m，管内气体流速10m/s，请问该管道摩擦阻力是多少？（摩擦阻力系数为0.095，气体密度为1.2kg/m³）

17. 某除尘器进口风量为 50000m³/h，设备本体漏风率为 10%，请问该除尘器出口风量为多少？

18. 某一排烟机流量为 130000m³/h，转速为 960r/min，当转速改为 740r/min 时，排烟机流量为多少？

19. 某一排烟机压力为 4200Pa，转速为 960r/min，当转速改为 740r/min 时，排烟机压力为多少？

20. 某一排烟机功率为 400kW，转速为 960r/min，当转速改为 740r/min 时，排烟机功率为多少？

六、简答题

1. 粉尘浓度有哪几种表示方法？
2. 余热锅炉的作用是什么？
3. 什么是烟尘的悬浮速度？
4. 风机的损失有哪几种形式？
5. 机械式除尘器有何特点？
6. 局部排风罩有哪几种形式？
7. 旋风除尘器磨损严重的部位集中在什么地方？
8. 粉尘与器壁的黏附对设备或管道会造成哪些影响？
9. 空气过滤气的主要作用是什么？
10. 如何确定风机的旋向？
11. 袋式除尘器起主要过滤作用的是什么？
12. 电除尘器的四个工作过程是什么？
13. 风机串联和并联的目的分别是什么？
14. 为什么阳极上收集的粉尘多于阴极上收集的粉尘？
15. 什么是击穿电压？
16. 什么是电晕现象？
17. 什么是袋式除尘器的除尘效率？
18. 什么是露点、酸露点？
19. 除尘器一般分为哪几大类？
20. 常用除尘器的除尘机理有哪些？
21. 低温电除尘器为什么用蒸汽进行保温？
22. 阴阳极振打不及时对电除尘器有何影响？
23. 袋式除尘器主要由哪几部分组成？
24. 什么是火花自动跟踪？

七、综合题

1. 低比电阻粉尘对除尘效率有何影响？

2. 除尘系统包括哪些内容？

3. 气力输送系统中输料管中的气流速度对输送过程有何影响？

4. 对电晕线的一般要求是什么？

5. 湿式除尘器的优点和缺点是什么？

6. 如何选择滤料？

7. 进口流速对旋风除尘器的性能有何影响？

8. 正压式袋式除尘器，风机一般设置在除尘器的什么部位？它对粉尘有何要求？

9. 比电阻是怎样定义的？什么范围为高比电阻？什么范围为低比电阻？什么范围是正常比电阻？

10. 袋式除尘器的过滤机理有哪几种？

11. 气力输送的优、缺点有哪些？

12. 电除尘器有哪些优、缺点？

13. 电动机单相时有什么现象发生？电动机单相的原因是什么？当发生单相时应采取什么措施？

14. 什么是反电晕？反电晕是怎样产生的？用什么办法解决反电晕？

15. 对于高比电阻粉尘可采用什么方法使其比电阻降至电收尘器的合理范围内？

16. 袋式除尘器的选用原则是什么？

17. 弯形给料器常见的故障有哪些？如何解决这些故障？

18. 什么是电晕封闭？用什么方法解决该现象？

19. 在电收尘器进口为什么要设预收尘装置？不设会出现什么现象？

20. 电收尘器接地有几种可能？怎样处理？

21. 影响旋风除尘器性能的因素有哪些？

22. 烟气在电场内的流速、烟尘的驱进速度、二次电压与收尘效率各有什么关系？

八、案例分析题

1. 粉尘形成爆炸的原因是什么？

2. 压送式气力输送系统应如何布置？

3. 螺旋输送机为什么不宜输送变质、黏性大、宜结块及流动性强的粉料？

4. 电晕极上的粉尘清不掉会造成什么影响？

5. 请分析出现刮板断链的原因？怎样处理？

6. 请分析出现刮板浮链子原因？怎样处理？

7. 仓式泵运行过程中出现泵体憋不上压的现象，请分析其原因。怎样处理？

8. 排烟系统中，电场出口压力为-1900Pa，电场进口压力为-1800Pa，炉子烟气外溢严重，请解释系统所存在的问题，并拿出解决方案。

9. 为什么启动排烟机要关闭进口阀门、开出口阀门？

重冶收尘工复习题参考答案

一、填空题

1. 强度、频率；2. 废水、废渣、废气；3. 真密度；4. 安息角；5. 切向进口、螺旋面进口、渐开线蜗壳进口、轴向进口；6. 极线；7. 布袋收尘器、旋涡收尘器、沉降室、电收尘器；8. 电动机、顺时针、逆时针；9. 石英管；10. $350\pm30℃$；11. 极板；12. 自然堆积；13. 旋风；14. 过高；15. 单点吹灰器、刮板输送机、仓式泵、螺旋输送机；16. 增大、提高；17. 振打电瓷轴；18. 并联；19. 加热器；20. 分布板、出口槽形板；21. 并联、串联；22. 多；23. 旋风；24. 增大；25. 液体；26. 越慢；27. 阳极、阴极；28. 刮板、仓式泵；29. 电压；30. 电场高度；31. 200Pa；32. 电场力、收尘极板；33. 有效功率；34. 固体颗粒物；35. 无机性粉尘、有机性粉尘、混合性粉尘；36. 粒径大小；37. 增加；38. 可湿性、亲水性粉尘、疏水性粉尘；39. 电量闭锁；40. 最大夹角；41. 质量浓度；42. 作用范围、作用动力；43. 替换、通风；44. 局部通风；45. 性能；46. 重力、离心力、惯性碰撞、接触阻留、扩散、凝聚；47. 机械式除尘器、洗涤式除尘器、过滤式除尘器、电除尘器、声波除尘器；48. 前向、径向、后向；49. $20\sim30℃$；50. 简体、锥体、排出管；51. 除尘效率；52. 弧形、直线形、机翼形；53. 气体；54. 扁袋、圆袋、上进气、下进气、直流式、外滤式、内滤式；55. 管式、板式、立式、卧式、干式、湿式；56. 单仓式、双仓式、单仓式、双仓式；57. 过滤方式；58. 喷淋塔、文丘里洗涤器、冲击式除尘器、水膜除尘器；59. 紧急停车；60. 输送烟气、收尘；61. 高压电、离子、烟尘、收尘；62. 防爆；63. 机械、气力；64. 外加能量、叶片式风机、容积式风机；65. 工作原理；66. 风压；67. 时间；68. 体积；69. 碰撞式、回流式；70. 有效功率、轴功率、内部功率；71. 电动机；72. 轴功率；73. 亲水性好、有毒、有刺激；74. 空气量；75. 均匀、降低

二、判断题

1. √；　　2. ×；　　3. √；　　4. √；　　5. ×；　　6. ×；　　7. √；　　8. ×；　　9. √；
10. √；　11. √；　12. √；　13. √；　14. √；　15. √；　16. √；　17. √；　18. √；
19. ×；　20. √；　21. ×；　22. √；　23. √；　24. √；　25. √；　26. √；　27. √；
28. ×；　29. ×；　30. ×；　31. √；　32. √；　33. √；　34. √；　35. √；　36. √；
37. ×；　38. √；　39. √；　40. √；　41. ×；　42. ×；　43. ×；　44. √；　45. ×；
46. √；　47. ×；　48. √；　49. ×；　50. ×

三、单项选择题

1. B;	2. A;	3. A;	4. A;	5. C;	6. A;	7. A;	8. C;	9. A;
10. C;	11. B;	12. A;	13. A;	14. B;	15. A;	16. B;	17. C;	18. A;
19. B;	20. B;	21. A;	22. B;	23. A;	24. A;	25. B;	26. A;	27. C;
28. A;	29. A;	30. A;	31. A;	32. A;	33. A;	34. B;	35. B;	36. B;
37. B;	38. B;	39. B;	40. B;	41. B;	42. B;	43. C;	44. A;	45. A;
46. C;	47. A;	48. B;	49. A;	50. B;	51. A;	52. B;	53. B;	54. A;
55. A								

四、多项选择题

1. ABCD;	2. ABCD;	3. ABCD;	4. ABC;	5. ABCD;	6. ABC;	7. ABCD;
8. ABC;	9. AB;	10. CD;	11. AC;	12. AC;	13. ABC;	14. ACDE;
15. ABD;	16. ABD;	17. BCE;	18. ADE;	19. ABC;	20. AB;	21. ABEFG;
22. ABC;	23. ABCDE;	24. ABC;	25. ABF;	26. AB;	27. AB;	28. BC

五、计算题

1. 解：$\eta = 1 - (1 - \eta_1)(1 - \eta_2) = 1 - (1 - 89\%) \times (1 - 99\%) = 99.89\%$

2. 解：$Q = S_v = 92 \times 0.8 = 73.6 \text{m}^3/\text{s}$ 或 $73.6 \times 3600 = 264960 \text{m}^3/\text{h}$

3. 解：$\eta = \left(1 - \dfrac{C_{出} \, Q_{出}}{C_{进} \, Q_{进}}\right) \times 100\%$

   $96\% = \left[1 - (1 + 10\%) \times \dfrac{C_{出}}{15}\right] \times 100\%$

   $C_{出} = 0.5 \text{g/m}^3$（标态）

4. 解：$Q = S_v$

   $40.82 = 0.5S$

   $S = 81.64 \text{m}^2$

5. 解：$Q = S_v = 1 \times 2 \times 15 = 30 \text{m/s}$ 或 $30 \times 3600 = 108000 \text{m}^3/\text{h}$

6. 解：$Q = S_v = 3.14 \times 0.3 \times 2 \times 100 \times 0.5 = 40.82 \text{m}^3/\text{min}$ 或 $40.82 \times 60 = 2449.2 \text{m}^3/\text{h}$

7. 解：$\eta = (1 - C_{出}/C_{进}) \times 100\%$

   $95\% = (1 - 0.5/C_{进}) \times 100\%$

   $C_{进} = 10 \text{g/m}^3$（标态）

8. 解：$p_{出} = -1863 + 686 = -1177 \text{Pa}$

9. 解：每秒钟排风量 $= 86400/3600 = 24 \text{m}^3/\text{s}$

10. 解：$P = (1 - \eta) \times 100\%$

5% ＝ （1－η）×100%

η＝ 95%

11. 解：800kg＝0.8t

　　　　0.8/2＝0.4h　或　0.4×60＝24min

12. 解：漏风率 ＝ （44000 － 40000)/40000 × 100% ＝ 10%

13. 解：$\eta = (1 - C_{出} / C_{进}) \times 100\%$

　　　　＝ （1－0.5/50)×100% ＝ 99%

　　　　$P = (1 - \eta) \times 100\% = (1 - 99\%) \times 100\% = 1\%$

14. 解：$p_{出} = (-800) + (-1000) = -1800\text{Pa}$

15. 解：$d = \sqrt{80000 \times 4/(3600 \times 3.14 \times 15)} = 1.37\text{m}$

16. 解：摩擦阻力 ＝ 0.095×15×10²×1.2/（3×2) ＝ 28.5Pa

17. 解：出口风量 ＝ 50000×（1+10%) ＝ 55000m³/h

18. 解：$Q_2/Q_1 = n_2/n_1$

　　　　$Q_2/130000 = 740/960$

　　　　$Q_2 = 100208\text{m}^3/\text{h}$

19. 解：$p_2/p_1 = (n_2/n_1)^2$

　　　　$p_2/4200 = (740/960)^2$

　　　　$p_2 = 2495\text{Pa}$

20. 解：$N_2/N_1 = (n_2/n_1)^3$

　　　　$N_2/400 = (740/960)^3$

　　　　$N_2 = 183\text{kW}$

六、简答题

1. 答：有质量浓度和颗粒浓度两种表示方法。

2. 答：废热利用、冷却降温和收尘。

3. 答：当烟尘在熟料管中既不下降，也不上升，并脱离管壁保持悬浮状态，其气流最小速度称为烟尘的悬浮速度。

4. 答：（1）流动损失；（2）容积损失；（3）机械损失。

5. 答：设备构造简单、投资少、动力消耗低，除尘效率一般在40%～90%之间，是国内常用的一种除尘设备。

6. 答：局部排风罩有密闭罩、通风柜、外部吸气罩、槽边排风罩及空气幕等几种形式。

7. 答：主要是筒体与进口管连接，含尘气体由直线变为旋转运动的部位和靠近排灰口的锥体底部。

8. 答：会使设备或管道发生故障或堵塞。

9. 答：主要是使压缩空气中夹带出来的水滴、油分离出来，以保证压缩空气干净，在输送烟尘时不堵塞管道。

10. 答：从电动机一端正视风机，叶轮逆时针方向转动为左旋风机，叶轮顺时针方向转动为右旋风机。

11. 答：起过滤作用的是滤料表面的粉尘层。

12. 答：（1）气体电离；（2）烟尘荷电；（3）荷电烟尘向集尘极运动；（4）荷电烟尘放电。

13. 答：风机串联的目的是提高被输送气体的压力，风机并联的目的是增加流量。

14. 答：因为电场中电子与阴离子运动速度大于阳离子运动速度，且易于附着在尘粒上较快到达阳极的缘故。

15. 答：电晕现场产生后，如果电压再次升高，电晕区域增大，电极间产生强烈火花甚至有可能产生电弧，电极间气体会发生电击穿现象，形成短路。此时的电压称为击穿电压。

16. 答：在放电极周围产生电离的区域内，可明显地观察到淡蓝色的花点或光环，同时发出轻微爆裂声。通常把这些淡蓝色的光点或光环称为电晕现象。

17. 答：指含尘气流通过袋式除尘器时新捕集下来的粉尘量占进入除尘器的粉尘量的百分数。

18. 答：烟气中均含有一定数量的水分。当烟气温度下降至一定值时，就会有一部分水蒸气冷凝成水滴形成结露现象。结露时的温度称作露点。因含有酸性气体而形成的露点成为酸露点。

19. 答：除尘器一般可分为机械式除尘器、洗涤式除尘器、过滤式除尘器、电除尘器和声波除尘器。

20. 答：常用除尘器的除尘机理有重力、离心力、惯性碰撞、接触阻留、扩散、凝聚。

21. 答：防止烟气在除尘器中结露。

22. 答：阴极振打不及时会产生电晕闭锁；阳极振打不及时会产生反电晕。

23. 答：由袋室、滤袋、框架、清灰装置等部分组成。

24. 答：电场工作的最佳状态是临界火花放电状态，此时电场电压最高，而电场又没有产生击穿，因此其收尘效率最高。利用电气自动调整来跟踪这一工作状态就是火花自动跟踪。

七、综合题

1. 答：低比电阻粉尘荷电后移至集尘极并立即失去电荷，但又受静电感应，获得与集尘极同极性电荷，而被排斥脱离集尘极，复又移至电晕极重新荷电，如此循环称作粉尘跳跃现象。这种现象导致除尘效率下降。

2. 答：除尘系统是从含尘气体的捕集、输送、净化直至干净气体排放的整个系统，某些系统还包括含尘气体的温度调节或成分的调质等。

3. 答：风速太高，能量损失大，管道磨损严重，物料容易破碎；风速太低，系统工作不稳定，甚至造成堵塞。

4. 答：（1）起晕电压低，放电强度高，电晕电流大；（2）机械强度高，能维持准确的极距；（3）易清灰；（4）耐腐蚀。

5. 答：优点：（1）设备简单，制造容易；（2）除尘效率高；（3）具有除尘、降温、增湿、除雾沫及吸收等效果；（4）劳动条件好；（5）能富集有价金属。

缺点：（1）泥浆处理复杂；（2）用水量多；（3）污水排放时需经过处理；（4）处理含腐蚀性气体时，设备和管路需防腐；（5）在寒冷地区使用时需要保温。

6. 答：选择滤料时必须考虑含尘气体的特性和粉尘的气体性质温度、湿度、粒径等。良好的滤料应有耐温、耐腐蚀、耐磨、阻力小、使用寿命长、成本低等特点。

7. 答：旋风除尘器进口流速增大，尘粒受到的离心力增大，除尘效率提高。但是，进口流速过高，旋风除尘器内尘粒的反弹，返混及尘粒粉碎等现象反而影响除尘效率继续提高。因此，必须根据除尘器特点、尘粒的特性、使用等条件综合考虑选择合适的进口流速。

8. 答：风机设置在除尘器之前，除尘器在正压状态下工作。不适用于高浓度、粗颗粒、高硬度、强腐蚀性的粉尘。同时对于有毒、有刺激性的粉尘也不易采用正压式袋式除尘器。

9. 答：粉尘按照自然堆积成直径为1cm、高为1cm的柱体，接上电源，测其电压和电流，电压与电流之比值为比电阻值。

$10^{10}\Omega \cdot cm$ 以上为高比电阻粉尘；$10^{4}\Omega \cdot cm$ 以下为低比电阻粉尘；$10^{4} \sim 10^{10}\Omega \cdot cm$ 为正常比电阻粉尘。

10. 答：（1）扩散效应；（2）惯性效应；（3）重力沉降；（4）静电吸引；（5）筛分效应；（6）钩住作用。

11. 答：优点：（1）提高机械化水平，改善环境卫生；（2）设备简单，制造安装方便、投资少、节约占地面积；（3）管道内不积存物料；（4）物料不污染；（5）维修方便，费用低；（6）输送过程对物料能起混合、粉碎、干燥和冷却作用；（7）可实现手动、自动和远程控制；（8）可由几点输送到一点，也可由一点输送到几点；（9）输送距离较远，可达2500m。

缺点：（1）动力消耗大；（2）不适宜输送结块和黏性大的烟尘；（3）输送不稳定。

12. 答：优点：（1）能处理温度高，有腐蚀性的气体；（2）处理气量大；（3）阻力低，节省能源；（4）除尘效率高，能捕集小于$1\mu m$粉尘；（5）劳动条件好，自动化水平高。

缺点：（1）钢材消耗多，一次投资大；（2）结构复杂，制造、安装要求高；（3）对粉尘的比电阻有一定的要求。

13. 答：现象：（1）在运转中电动机单相时，两相电流过大，电动机发热，声音不正常；（2）电动机单相启动时，启动不起来，有交流哼声，无启动转矩，电流很大，电动机发热。

原因：可能熔丝有一相烧断，开关有一相接触不好，外部线路中有一相断路等原因。

措施：立即停车，检查处理。

14. 答：反电晕是电除尘器中沉积在极板表面上的高比电阻粉尘层所产生的局部放电现象。高比电阻粉尘到达收尘极板后不易释放。其极性及电晕极相同，因此排斥后来的荷电粉尘，由于粉尘层的电荷释放缓慢，粉尘间形成较大的电位梯度，当粉尘层中的电场强度大于其临界值时，就会在粉尘层的空隙间产生局部击穿，产生与电晕极极性相反的正离子，并向电晕极运动，中和电晕极带负电的粒子。

解决方法：降低烟尘比电阻。

15. 答：（1）在湿度、烟气成分和烟尘成分不变的情况下，温度升高，分子热运动增强，某些粉尘比电阻下降。

（2）增加烟气湿度可降低烟尘比电阻，为了改善电除尘器捕集高比电阻烟尘的能力，常采用喷雾增湿的方法。

（3）烟气中的三氧化硫和水分能改善烟尘的导电性。向烟气中加入水、二氧化硫等物质，可以提高烟尘表面导电率。三氧化硫、氨、钠盐、氨基酸、硫酸铵等皆可起到调质作用。

16. 答：（1）烟气和烟尘性质：烟气中如含有腐蚀性介质，选用具有一定抗腐蚀能力的滤袋；滤袋的工作温度，应在滤布的允许范围内，含湿量大的烟气应考虑滤袋箱的保温；对于无毒无刺激性的烟气、烟尘可考虑正压操作，有毒有刺激性烟气、烟尘应采用负压操作；对浓度有一定要求或不允许漏风，一般不宜采用袋式除尘器。

（2）烟尘的经济价值：采用袋式收尘成本较高，因而在选用时，应考虑烟尘的经济价值。

（3）烟气中烟尘浓度：含尘浓度过高，应先进行粗收尘。

17. 答：常见故障：（1）吹灰嘴插入过长；（2）吹灰嘴插入过短；（3）吹灰嘴与弯形给料器的结合部位漏灰。

处理方法：（1）将吹灰嘴重新调整，振动吹灰管道，使结块烟尘剥落而被高压风带走；（2）调整吹灰嘴，用听、触摸的方法判断吹灰是否正常；（3）松开压石棉绳的小压兰，更换石棉绳。

18. 答：当烟尘浓度极大时，由电晕区而来的离子都沉积到颗粒上，离子活动度达到极小值，而电流趋于零，收尘效率显著下降，这种现象叫做电晕封闭。

解决方法：在电收尘器前加装其他收尘设施降低烟尘浓度。

19. 答：因为烟气温度高，烟气中含尘浓度高。不设预收尘装置的话，一方面烟气温度高会导致电收尘器严重变形；另一方面含尘浓度高，达不到收尘效果。

20. 答：（1）阴极框架变形；（2）振打锤掉落；（3）石英管冷凝结露；（4）灰满接地。

处理：（1）重新调整；（2）重新安装；（3）擦抹或者提高温度；（4）清理积灰。

21. 答：（1）进口流速：进口流速增大，尘粒受到的离心力增大，除尘效率提高；但是，进口流速过高，尘粒反弹、返混及尘粒粉碎等现象反而影响除尘效率继续提高。

（2）进口形式：进口形式是影响其性能的重要因素。

（3）排气管：排气管越小，使内涡流直径越小，最大切线速度增大，有利于提高除尘效率。

（4）锥体：增加锥体长度，可提高除尘效率。

（5）排灰口的密封状况：排灰装置漏风，将极大影响除尘效率。

22. 答：（1）烟气通过电场的速度过快时，烟尘还未来得及荷电，就被气流带走，降低收尘效率。

（2）荷电后的尘粒，向收尘极运动速度较慢，未放出电荷时，就被气流带走，降低收尘效率。

（3）若二次电压较低，达不到电晕极起始电压和电晕电压，在电场内形不成均匀放电电晕，因此尘粒不易荷电，降低收尘效率。

八、案例分析题

1. 答：原因：（1）粉状物有较大的比表面积和化学活性，有许多固体物质当它处于块状时是难燃的，当它变成粉状时就很容易燃烧甚至爆炸。其原因是粉状物与空气中的氧接触面积增大，粉尘吸附氧分子数量增多，加速了粉尘的氧化过程。（2）粉尘氧化面积增加，强化了粉尘加热过程，加速了气体产物的释放。（3）粉尘受热后能释放大量可燃气体。

2. 答：（1）鼓风机在系统的前部，整个系统在正压下操作。（2）要求集料器有较高的收尘效率，收尘效率有波动时对鼓风机操作无影响。（3）要防止给料器的给料口回气。（4）鼓风机加压的气体要考虑除油除水，以防止熟料管堵塞。（5）给料器要尽量设置于地面上。（6）气源必须充分保证供气量和压力。（7）对于黏性烟尘，必要时沿输送管线可设助吹管。

3. 答：因为变质的、黏性大、易结块的粉尘在输送时会黏接在螺旋上，并随之旋转而不向前移动或者在吊轴承处形成物料的积塞，使螺旋输送机不能正常工作。流动性强的砂状粉料会使螺旋机轴部断裂。

4. 答：电晕极上沉积粉尘一般都比较少，但其上沉积的粉尘对电晕放电的影响很大。如粉尘清不掉，有时在电晕极上结疤，能使除尘效率降低，甚至能使除尘器完全停止运行。一般是对电晕极采取连续振打的清灰方式，该方式能使电晕极沉积的粉尘很快被振打干净。

5. 答：原因：（1）计算错误或选型错误致使刮板链条不能满足正常运行时的工作张力，或链条制造质量没有达到设计要求。（2）刮板链条上的开口销磨损而没有及时更换，以使连接销轴脱落而断链。（3）输送物料中混入大块硬物或铁块，刮板链条在运行中突然卡住过载而断链。（4）全机安装时不慎因振动、撞击而使机壳之间的连接法兰、导轨处，出现上下、左右较大的错移，致使刮板链条被卡住过载而断链。

处理方法：断链后需更换链节，并分析其原因，相应采取措施，以防止再次断链。为了从根本上防止断链发生，在选型设计、制造、安装和维修的每个环节中都应予以重视。

6. 答：原因：当输送粉体的密度很大，或者细粒状或粉状粉体含水率较高而易于黏结、压结时，往往会产生浮链。

处理方法：链条水平段出现浮链现象后，可在承载机槽内每隔 2m 配置一段压板，压住链条，强制刮板链条不得浮起。

7. 答：原因：（1）气源压力不足；（2）进料阀、出料阀和排气阀关不严漏风。

处理方法：（1）提高气源压力；（2）检查并更换阀门。

8. 答：原因：（1）电场进口烟道堵塞；（2）电场进口阀门未打开。

处理方法：（1）清理烟道内积灰；（2）打开电场进口阀门。

9. 答：因为启动排烟机时不允许带负荷启动。电动机的启动电流是额定电流的 5~7 倍，若要带负荷启动，电流更大，容易烧电动机。另外，带负荷启动时，机械部分的受力超过空载启动的几倍，风机承受极大的扭力，对风机损害较大，甚至损坏。

参 考 文 献

［1］张殿印，王纯．除尘工程设计手册［M］．北京：化学工业出版社，2003.

［2］姜风有．工业除尘设备——设计、制作、安装与管理［M］．北京：冶金工业出版社，2007.

［3］万爱东．自热炉工［M］．北京：冶金工业出版社，2013.

［4］万爱东．闪速熔炼工［M］．北京：冶金工业出版社，2012.

［5］万爱东．合成炉工［M］．北京：冶金工业出版社，2013.

［6］向晓东．烟尘纤维过滤理论、技术及应用［M］．北京：冶金工业出版社，2007.

［7］张健．重有色金属冶炼设计手册（冶炼烟气收尘卷）［M］．北京：冶金工业出版社，2008.

［8］张健．重有色金属冶炼设计手册（铜镍卷）［M］．北京：冶金工业出版社，2008.

［9］郝吉明，马广大．大气污染控制工程［M］．北京：高等教育出版社，1989.

［10］李家瑞．工业企业环境保护［M］．北京：冶金工业出版社，1992.

冶金工业出版社部分图书推荐

书　名	定价(元)
新能源导论	46.00
锡冶金	28.00
锌冶金	28.00
工程设备设计基础	39.00
功能材料专业外语阅读教程	38.00
冶金工艺设计	36.00
机械工程基础	29.00
冶金物理化学教程(第2版)	45.00
锌提取冶金学	28.00
大学物理习题与解答	30.00
冶金分析与实验方法	30.00
工业固体废弃物综合利用	66.00
中国重型机械选型手册——重型基础零部件分册	198.00
中国重型机械选型手册——矿山机械分册	138.00
中国重型机械选型手册——冶金及重型锻压设备分册	128.00
中国重型机械选型手册——物料搬运机械分册	188.00
冶金设备产品手册	180.00
高性能及其涂层刀具材料的切削性能	48.00
活性炭-微波处理典型有机废水	38.00
铁矿山规划生态环境保护对策	95.00
废旧锂离子电池钴酸锂浸出技术	18.00
资源环境人口增长与城市综合承载力	29.00
现代黄金冶炼技术	170.00
光子晶体材料在集成光学和光伏中应用	38.00
中国产业竞争力研究——基于垂直专业化的视角	20.00
顶吹炉工	45.00
反射炉工	38.00
合成炉工	38.00
自热炉工	38.00
铜电解精炼工	36.00
钢筋混凝土井壁腐蚀损伤机理研究及应用	20.00
地下水保护与合理利用	32.00
多弧离子镀 Ti-Al-Zr-Cr-N 系复合硬质膜	28.00
多弧离子镀沉积过程的计算机模拟	26.00
PS 转炉工艺技术实践	38.00